特色名校技能型人才培养规划教材

钳工技能培训

孙艇　编著

中国水利水电出版社
www.waterpub.com.cn
·北京·

内 容 提 要

本书从钳工工作实际出发，对钳工基本操作项目进行工艺知识和操作方法的讲述、加工工艺分析和实际操作练习，突出了钳工工艺技能，对典型工件的加工工艺分析、快速掌握技能、提高技能和加工质量的方法措施都进行了针对性的启发和引导。本书规范工艺要求，培养良好工艺作风，意在使培训人员在掌握操作技能的基础上，能够结合本职岗位的要求，积极探索创新技术和创新工艺，不断地提高钳工技能水平。

本书理论与实际相结合，有效易用，图文并茂，有利于培训人员的理解和掌握，以及在生产中的应用。本书可作为钳工岗位和设备检修维护人员的培训教材，也可作为相关技术人员的参考资料。

图书在版编目（ＣＩＰ）数据

钳工技能培训 / 孙艇编著. -- 北京 ： 中国水利水
电出版社，2018.5
特色名校技能型人才培养规划教材
ISBN 978-7-5170-6471-8

Ⅰ．①钳… Ⅱ．①孙… Ⅲ．①钳工－技术培训－教材
Ⅳ．①TG9

中国版本图书馆CIP数据核字(2018)第111944号

策划编辑：杨庆川　　责任编辑：封　裕　　加工编辑：张溯源　　封面设计：李　佳

书　　名	特色名校技能型人才培养规划教材
	钳工技能培训　　QIANGONG JINENG PEIXUN
作　　者	孙艇　编著
出版发行	中国水利水电出版社
	（北京市海淀区玉渊潭南路1号D座　100038）
	网址：www.waterpub.com.cn
	E-mail: mchannel@263.net（万水）
	sales@waterpub.com.cn
	电话：(010) 68367658（营销中心）、82562819（万水）
经　　售	全国各地新华书店和相关出版物销售网点
排　　版	北京万水电子信息有限公司
印　　刷	三河市鑫金马印装有限公司
规　　格	184mm×260mm　　16开本　　8.25印张　　199千字
版　　次	2018年5月第1版　　2018年5月第1次印刷
印　　数	0001—3000册
定　　价	48.00元

丛书编委会

序

  徐州电力高级技工学校始建于 1975 年，原隶属于江苏省电力工业局，2007 年 12 月随同徐州电厂划归神华集团国华电力公司，2017 年 4 月 26 日，学校升格为国华电力二级单位，更名为"神华国华电力公司职工技能培训学校"（简称"国华电力培训学校"）并保留徐州电力高级技工学校资质。

  国华电力培训学校是一所集职业培训、技能鉴定、资格认证、培训策划、岗位能力评估、学历教育和技术服务为一体的综合性教育培训机构。栉风沐雨 42 年，培训学校以其得天独厚的培训鉴定资质、过硬的师资队伍和配套齐全的实训设施，在广大教职员工辛勤耕耘下，为电力行业培养并输送了 18600 多名大中专、技校毕业生；近几年，又累计完成神华集团电力板块各类技能培训 36000 多人次、各类技能鉴定 24000 多人次，为系统内外发电企业的发展提供了强有力的培训支撑。

  国家正在推进的电力体制改革和供给侧改革，必将引起电力生产管理机制的巨变，也必然会给电力相关的技术培训带来新的要求，这对国华电力培训学校来讲，既是难得的机遇，也是巨大的挑战。

  国华电力培训学校升格管理后，利用资源优势，承接了上级公司多项培训、鉴定任务，未来学校还将拓宽业务面，开展多层次多类别的培训项目。为此，在提升培训管理标准的同时，还致力于打造特色、提升定位。为加强教材建设，学校组织编写了专业培训系列丛书。在编写过程中，遵循"不忘本来、吸收外来、面向未来"的原则，保留传统，创新思维，注重实用，力求理论与实践紧密结合，又能突出职业技能培训的特点。本套丛书既可作为企业职工集中培训的教材，又可作为在职专业人员继续深造提升的指导书。这套系列教材的出版，必将为国家能源投资集团有限责任公司的技能培训提供有力支持。

2017 年 11 月

前　　言

　　本书是从生产实际出发，参照国家职业标准、职业技能鉴定规范和等级考核鉴定标准编写的。

　　本书以培养设备检修维护人员的钳工操作技能为目标，结合对生产人员的技能要求，以及多年的培训教学和操作经验编写而成。在编写时本着有效易用的原则确定培训教学项目，讲解必需的、够用的工艺知识和工艺技能，通过实际操作练习将理论与实际有机地结合，使培训人员快速掌握操作技能。

　　本书分为基础篇和提高篇。基础篇详细介绍了测量、划线、锯割、錾削、锉削、钻孔、扩孔、铰孔等基本操作技能，对典型工件加工进行加工工艺步骤分析、操作方法剖析以及质量评分；提高篇介绍了生产中典型的锉配操作，并选取全国及神华集团的部分钳工技能赛题，从图纸分析、操作前的准备、加工工艺步骤分析、编写工艺文件、加工重点难点、配合要求等各方面进行引导，使培训人员通过实际操作作业练习，不断提高钳工技能，达到有效易用的教学目的。

　　在本书的编写过程中，得到了国华电力培训学校领导和老师的大力支持和指导，在此表示感谢。

　　由于编者水平有限，书中难免存在错误和不足之处，恳请广大教师和专家批评指正，以便日后修改完善。

编　者
2018 年 1 月

目　　录

序

前言

基础篇

绪论　钳工基本技能 …………………… 1

　　一、钳工分类 …………………………… 2

　　二、钳工基本技能 ……………………… 2

　　三、钳工常用设备 ……………………… 2

　　四、安全文明生产 ……………………… 4

　　五、职业道德 …………………………… 5

项目一　测量 ………………………………… 6

　　一、量具的分类 ………………………… 6

　　二、量具选用的基本原则 ……………… 6

　　三、常用量具 …………………………… 7

　　四、测量误差 …………………………… 17

项目二　划线 ………………………………… 21

　　一、划线工具 …………………………… 21

　　二、常用划线工具 ……………………… 22

　　三、划线基准 …………………………… 27

　　四、划线操作方法 ……………………… 29

　　五、制图工艺技能 ……………………… 31

项目三　锯割 ………………………………… 35

　　一、手锯 ………………………………… 35

　　二、锯割方法 …………………………… 36

　　三、锯割缺陷的原因和锯割安全 ……… 40

　　四、锯割质量 …………………………… 40

项目四　錾削 ………………………………… 43

　　一、錾削工具 …………………………… 43

　　二、錾削的操作方法 …………………… 45

项目五　锉削 ………………………………… 50

　　一、锉刀 ………………………………… 50

　　二、锉削操作方法 ……………………… 51

　　三、锉配 ………………………………… 54

　　四、锉刀的使用与保养 ………………… 56

项目六　钻孔、扩孔、铰孔 ……………… 64

　　一、钻孔 ………………………………… 64

　　二、扩孔 ………………………………… 77

　　三、锪孔 ………………………………… 78

　　四、铰孔 ………………………………… 80

项目七　螺纹加工 ………………………… 85

　　一、攻螺纹 ……………………………… 85

　　二、套螺纹 ……………………………… 88

项目八　装配 ……………………………… 91

　　一、装配方法 …………………………… 91

　　二、装配工艺规程 ……………………… 92

　　三、装配精度与装配尺寸链 …………… 93

　　四、常用零件的装配形式 ……………… 94

提高篇

项目九　异形配合件的加工 ……………… 96

项目十　双燕尾配合件的加工 …………… 100

项目十一　角度模板的加工 ……………… 105

项目十二　六方形板转位配合件 ………… 109

项目十三　大赛实操样题 ………………… 110

第三届全国技工院校技能大赛

　　装配零件加工实际操作竞赛项目 ……… 110

装配零件加工（学生高级组）竞赛

　　准备清单和要求 ………………………… 116

项目十四　大赛实操样题 ………………… 118

神华集团第十三届（电力）职工技能大赛 … 118

参考文献 …………………………………… 124

基础篇

绪论　钳工基本技能

【工艺知识】

钳工是手持工具对金属进行加工的人员。钳工工作主要以手工方法，利用各种工具和常用设备对金属零件进行加工，以及对设备进行安装和调试。

钳工大多是以手工方法在台虎钳上进行操作，可分为普通钳工、模具钳工、机修钳工、装配钳工等。

钳工工作的特点如下：

（1）加工灵活，在不适于机械加工的工作，尤其是在机械设备的维修工作中，钳工加工可获得满意的效果。

（2）可加工形状复杂和高精度的零件，技术熟练的钳工可加工出比现代化机床加工出的还要精密和光洁的零件，甚至可以加工出连现代化机床也无法加工的形状非常复杂的零件，如高精度量具、样板、复杂的模具等。

（3）投资小，钳工加工所用的工具和设备价格低廉，携带方便。

（4）生产效率低，劳动强度大。

（5）加工质量不稳定，加工质量的高低受工人技术熟练程度的影响。

钳工的基本操作分类如下：

（1）辅助性操作：即划线，它是根据图样在毛坯或半成品工件上划出加工界线的操作。

（2）切削性操作：有錾削、锯割、锉削、攻螺纹、套螺纹、钻孔、扩孔、铰孔、刮削和研磨等多种操作。

（3）装配性操作：即装配，将零件或部件按图样技术要求组装成机器的工艺过程。

（4）维修性操作：即维修，对机械和设备进行检查、维护和修理的操作。

钳工技能的形成是通过长期操作练习，由生到熟、熟能生巧、巧能生技、技能出彩的过程。要求在技能培训和之后的工作中，必须循序渐进，由易到难，加强基本技能操作练习，严格要求，规范操作，多练多思，勇于创新，这样才能快速提高技能水平，在工作中逐步做到得心应手，运用自如。钳工基本操作是技术知识、技能技巧和力量的完美结合，不能偏废任何一个方面。要自觉遵守纪律，要有吃苦耐劳的精神，严格按照每个工件的操作要求进行加工。只有这样，才能有效地提高技能水平。

钳工技能的高低对生产设备的安装、维护和检修工作有非常重要的影响。钳工技能在各行业应用非常广泛，机械行业设有普通钳工、机修钳工、工具钳工、模具钳工、划线钳工和装配钳工等，其他行业则根据钳工的工作任务和设备名称不同，称为某某设备检修工等。设备检修工必须具有钳工技能，再加上检修设备的专业知识和技能，才能完成设备检修工作。因此，广意地说钳工的概念太大，社会上对钳工有一个美誉——"万能工种"。

一、钳工分类

（1）钳工（普通钳工）：对零件进行装配、修整和加工的人员。

（2）机修钳工：主要从事各种机械设备的维修工作的人员。

（3）工具钳工：主要从事工具、模具、刀具的制造和修理工作的人员。

（4）装配钳工：按机械设备的装配技术要求进行组件、部件装配和总装配，并进行调整、检验和试车的人员。

无论是哪一种钳工，要想完成好本职工作，首先应该掌握钳工的基本技能。

二、钳工基本技能

钳工基本技能包括测量、划线、錾削、锯割、锉削、钻孔、扩孔、锪孔、铰孔、攻螺纹、套螺纹、矫正、弯形、铆接、刮削、研磨、设备装配调试、设备维修和简单的热处理等。

三、钳工常用设备

1. 钳工工作台

钳工工作台简称"钳台"，常用硬质木板或钢材制成，要求坚实、平稳，台面高度约 800～900mm，台面上装有台虎钳和防护网，如图 1 所示。

图 1　钳工工作台

钳工工量具的摆放，通常是左手使用的工具放在台虎钳的左边，右手使用的工具放在台虎钳的右边；量具放在台虎钳的右上方，加工零件放在台虎钳的左上方，如图 2 所示。工作中保持良好的工艺作风，工量具摆放整齐、干净无杂物。

图 2　工量具的摆放

2. 台虎钳

台虎钳又称为虎钳，是用来夹持工件的工具，其规格以钳口的宽度来表示，常用的规格有 100mm、125mm 和 150mm 三种。台虎钳的结构有固定式台虎钳和回转式台虎钳两种，其中回转式台虎钳如图 3 所示。

图 3　回转式台虎钳

使用台虎钳时应注意如下事项：

（1）工件尽量夹在钳口中部，以使钳口受力均匀。

（2）夹紧后的工件应稳定可靠，便于加工，并且不产生变形。

（3）夹紧工件时，一般只允许依靠手的力量来扳动手柄，不能用手锤敲击手柄或随意套上长管子来扳手柄，以免丝杠、螺母或钳身损坏。

（4）不要在活动钳身的光滑表面进行敲击作业，以免降低配合性能。

（5）加工时用力的方向最好是朝向固定钳身。

3. 砂轮机

砂轮机是用来磨削钳工的切削刃具的，不允许磨削工件。

常用的砂轮机有台式砂轮机、落地式砂轮机和环保落地式砂轮机等，如图 4 所示。

台式砂轮机　　　　　落地式砂轮机　　　　　环保落地式砂轮机

图 4　砂轮机

4. 钻床

钻床是利用刃具在金属材料上加工出孔的设备。

常用的钻床有台式钻床、立式钻床和摇臂钻床，如图 5 所示。对一些质量要求不高的小孔可使用移动电动工具——手枪钻，如图 6 所示。

台式钻床　　　　　　立式钻床　　　　　　摇臂钻床

图 5　台式钻床、立式钻床和摇臂钻床

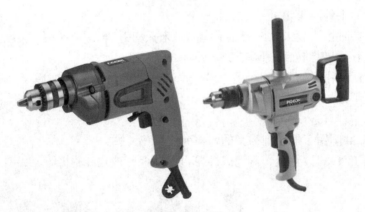

图 6　手枪钻

四、安全文明生产

"安全生产，人人有责。"所有劳动者必须加强法制观念，认真执行党和国家有关安全生产和劳动保护的政策、法令、规定，严格遵守安全操作规程和各项安全生产规章制度。

1. 文明生产的基本要求

（1）执行规章制度，遵守劳动纪律。

（2）严肃工艺纪律，贯彻操作规程。

（3）操作标准规范，培养工艺作风。

（4）优化工作环境，创造生产条件。

（5）爱护工具设备，及时维修保养。

（6）严谨精心专注，弘扬工匠精神。

2. 安全生产的一般常识

（1）开始工作前，必须按规定穿戴好防护用品。

（2）不准擅自使用不熟悉的机床和工具。

（3）清除切屑要使用工具，不得直接用手拉、擦。

（4）毛坯、半成品应按规定堆放整齐，通道上下不准堆放任何物品，并应随时清除油污、积水等。

（5）工具、夹具、器具应放在固定的地方，严禁乱堆乱放。

3. 机械安全防护知识

在机械设备工作时，操作人员应避开刀具或零部件做直线运动的行程区域，站在安全位置，如果手或身体误入此作业范围，就会造成伤害。

在旋转部件运动时，操作人员的手套、上衣下摆、裤管、鞋带以及长发等若与旋转部件接触，则易被卷进或带入机器，或者被旋转部件的凸出部件挂住而造成伤害。做旋转运动的部件在运动中产生离心力，旋转速度越快，产生的离心力越大。如果部件有裂纹等缺陷，不能承受巨大的离心力，便会破裂并高速飞出。周边人员若被高速飞出的碎片击中，伤害往往是严重的。

4. 常用机械设备的安全防护

（1）做好安全防护措施。

对于传动装置，主要防护办法是将它们密闭起来（如齿轮箱），或加防护装置，使人接触不到转动部件。为了保证操作人员的安全，有些设备应设安全联锁装置，当操作者操作错误时，可使设备不动作，或立即停车。设置就地紧急刹车。

（2）防止机械伤害。

正确维护和使用防护设施。转动部件未停稳不得进行操作。正确穿戴防护用品，防护用品是保护职工安全和健康的必备用品，必须正确穿戴衣、帽、鞋等防护用具。工作服应做到三紧，即袖口紧、下摆紧、裤口紧。根据工作要求配戴防护眼镜。站位得当。转动部件上不放置物件。不跨越运转的设备。严格执行操作规程，做好设备维护保养。保持工作场地清洁，物品定置摆放，定人定时打扫。

五、职业道德

职业道德是规范和约束从业人员职业活动的行为准则。加强职业道德建设是推动社会主义物质文明和精神文明建设的需要，是促进行业、企业生存和发展的需要，也是提高操作人员素质的需要，树立职业道德观念是对每一个操作人员最基本的要求。

只有树立良好的职业道德观念，遵守职业守则，安心本职工作，勤奋钻研业务，精心练习，独具匠心，才能提高自身的职业能力和素质，培养良好的工艺作风，具有高超的技艺和精湛的技能。从业人员应具有严谨、细致、专注、负责的工作态度，精雕细琢、精益求精的工作理念和对职业的认同感、责任感、荣誉感和使命感，应成为行业工匠，弘扬劳模精神和工匠精神，营造劳动光荣的社会风尚和精益求精的敬业风气。

【实际操作】

作业练习一：在教师示范指导下，进行台虎钳装夹零件的操作练习。

作业练习二：在教师示范指导下，进行台虎钳的维护保养操作。

作业练习三：按定置管理要求，进行工量器具的摆放练习。

项目一 测量

【工艺知识】

在生产中，为保证零件的加工质量，要对加工出来的零件按照要求进行表面粗糙度、尺寸精度、形状精度、位置精度测量，这些用来测量、检验零件及产品几何形状的工具叫作量具。

钳工在制作零件、检修设备、安装调试等工作中，均需要用量具检测加工质量是否符合标准。所以熟悉量具的结构、性能及使用方法，是操作人员确保产品质量的一项重要技能。

为了保证加工出符合要求的零件，在加工过程中要对工件进行测量，对已经加工完的零件要进行检验，这就要根据测量的内容和精度要求选用适当的量具。测量工作贯穿于整个工作过程。

一、量具的分类

量具的种类有很多，根据其用途和特点不同，可以作如下分类：

（1）标准计量器具：指测量时体现标准量的计量器具，通常用来校对和调整其他计量器具或作为标准量与被测几何量进行比较，如基准卡尺、量块、直角尺等。

（2）通用计量器具：指通用性较大，可用来测量某一范围内的各种尺寸，并能获得具体读数值的计量器具，如游标卡尺、千分尺、工具显微镜、三坐标测量机等。

（3）专用计量器具：指专门用来测量某个或某种特定参数的计量器具，如圆度仪、硬度仪、量规等。

二、量具选用的基本原则

在测量工作中，量具的选用必须既考虑生产的需要，又考虑经济问题，使其合理地反映工件的实际尺寸。

若选用的量具精度太低，会使测量结果产生过大的误差，使一些合格品被误认为废品，或使一些废品被误认为合格品，给生产带来混乱，使经济遭受损失。

若使用的量具精度偏高，虽然测量极限误差减小，测出的数值与实际尺寸较接近，使所允许的生产偏差加大，从而有利于加工，但是它将增加测量费用，提高成本，而且，用高精度的量具去测量低精度的工件，还会出现指示值不稳定，甚至量具丧失精度等问题。

所以在选用量具时，必须遵守以下两个原则：

（1）所选用量具的测量范围必须满足工件尺寸的要求。

（2）所选用量具的测量精度必须满足工件尺寸精度的要求，即所选用量具的示值误差在被测工件尺寸的允许公差以内。

三、常用量具

1. 钢板尺

钢板尺是最普通且最常用的量具，其刚性好、自重小，如图 1-1 所示。钢板尺的长度规格有 100mm、300mm、500mm、1000mm、1500mm、2000mm。

钢板尺除测量尺寸外，还可用于划线。

用于测量长度尺寸时最常用的规格为 300mm，1000mm 以上的规格在划线时用得较多。

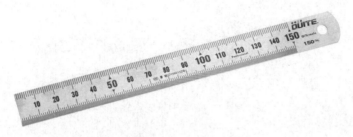

图 1-1　钢板尺

2. 钢卷尺

钢卷尺也是钳工常用的量具，它具有体积小、自重小、测量范围广的优点，如图 1-2 所示。

钢卷尺的长度规格有 1m、2m、3m、5m、10m、15m、20m、30m、50m、100m。其主要用途为测量长度尺寸，常用的规格为 2m 与 5m。

3. 游标卡尺

游标卡尺是一种比较精密的通用量具，可以直接测量工件的内径、外径、宽度、长度、厚度、深度及中心距等。其读数精确度有 0.1mm、0.05mm、0.02mm 三种，测量范围有 0～125mm、0～150mm、0～200mm、0～300mm 等规格，如图 1-3 所示。

图 1-2　钢卷尺

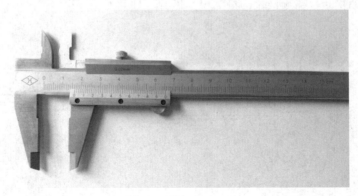

图 1-3　游标卡尺

游标卡尺的结构型式有四种：带深度游标卡尺、不带深度游标卡尺、带表卡尺和电子数显卡尺，如图 1-4 所示。

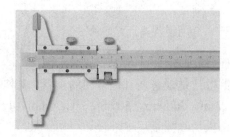

（a）带深度游标卡尺　　　　　　　　　　　　　（b）不带深度游标卡尺

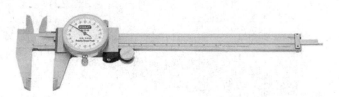

（c）带表卡尺

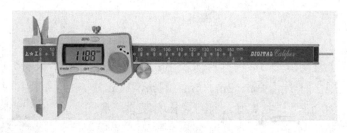

（d）电子数显卡尺

图1-4　不同结构型式的游标卡尺

游标卡尺是应用较广泛的通用量具，具有结构简单、使用方便、测量范围大等特点，它利用游标和尺身的相互配合进行测量和读数。

（1）游标卡尺的结构。

如图1-5所示，游标卡尺由尺身、尺框、螺钉、深度测杆、游标、刀口内卡爪和刀口外卡爪组成。当需要移动游标测量时，只需松开螺钉，推动游标即可。

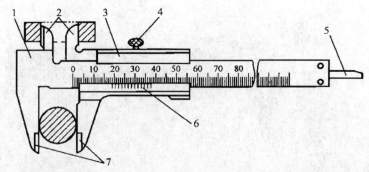

1—尺身；2—刀口内卡爪；3—尺框；4—螺钉；5—深度测杆；6—游标；7—刀口外卡爪

图1-5　游标卡尺的结构

游标卡尺按其能测量的精度不同，可分为0.1mm、0.05mm和0.02mm三种。这三种游标卡尺的尺身刻度间隔是相同的，即每小格 1mm，每大格 10mm。所不同的是游标与尺身相对应的刻线宽度不同。常用的为 0.02mm 精度的游标卡尺。

（2）游标卡尺的读数原理。

图 1-6 所示是精度为 0.02mm 的游标卡尺，尺身每小格为 1mm，当两个测量爪合并时，尺身上 49mm 刚好等于游标上 50 格，则游标每格刻线宽度为 0.98mm（49mm÷50），尺身与游标每格相差 0.02mm（1mm-0.98mm），所以此种游标卡尺的读数精度为 0.02mm。

图 1-6　精度为 0.02mm 的游标卡尺的刻线原理

（3）游标卡尺的读数方法。

使用游标卡尺测量工件时，应先弄清游标的精度和测量范围。游标卡尺上的零线是读数的基准，在读数时，要同时看清尺身和游标的刻线，将两者结合起来读，具体步骤如下：

1）读整数：在尺身上读出位于游标零线前面与其最接近的整数，该数是被测工件的整数部分。

2）读小数：在游标上找出与尺身刻线相重合的刻线，将该刻线的顺序数乘以游标的读数精度值，所得的积即为被测工件的小数部分。

3）求和：将上述两次的读数相加即为被测工件尺寸的完整读数。

（4）游标卡尺的使用和维护。

在测量前，要对游标卡尺进行检查，使尺身和游标的零位对齐，观察两个测量爪测量面的间隙。一般情况下，精度为 0.02mm 的游标卡尺的间隙应不大于 0.006mm，精度为 0.05mm 和 0.1mm 的游标卡尺的间隙应不大于 0.01mm，若不符合要求，则应送检修而不能使用。

当测量外径或宽度时，游标卡尺的测量爪应与被测表面的整个长度相接触，要使游标卡尺的测量爪平面与被测直径垂直或与被测平面平行，如图 1-7 所示。

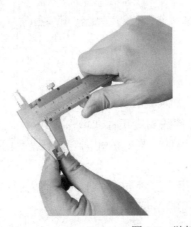

图 1-7　游标卡尺的使用

　　随着量具制造技术的不断革新和电子数字显示技术的广泛应用，出现了电子数显卡尺，它是一种测量简便、精确度高且使用方便的量具。它需要一块 3 V 的纽扣电池，可在测量范围内任意调零并进行公英制转换，其读数值精度有 0.01mm 和 0.001mm 两种，测量范围为 0～150mm，使用方法和普通卡尺一样，可直接读出测量值，如图 1-8 所示。

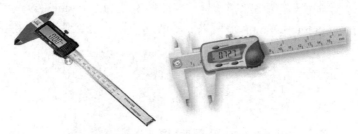

图 1-8　电子数显卡尺

　　游标卡尺的维护与保养要求如下：

　　（1）游标卡尺作为较精密的量具不得随意作他用，如将游标卡尺的测量爪当作划针、圆规和螺钉旋具等使用。

　　（2）移动游标卡尺的尺框和微动装置时，既不要忘记松开螺钉，也不要松得过量，以免螺钉脱落丢失。

　　（3）测量结束后要将游标卡尺平放，尤其是大尺寸的游标卡尺，否则会造成尺身弯曲变形。

　　（4）发现游标卡尺受到损伤后应及时送计量部门修理，不得自行拆修。

　　（5）游标卡尺使用完毕后，要擦净上油，放在游标卡尺盒内，避免生锈或弄脏。

　　（6）电子数显卡尺长期不用时应取出电池。

　　4. 游标深度尺

　　游标深度尺由主尺、游标与底座（两者为一体）组成，它主要用来测量深度、台阶的高度等。其精度分为 0.05mm 和 0.02mm 两种，测量范围为 0～150mm、0～250mm、0～300mm等多种，如图 1-9 所示。

图 1-9　游标深度尺

　　5. 游标高度尺

　　游标高度尺俗称"高度尺"，常用来测量工件的高度尺寸或精密划线。

　　游标高度尺主要由主尺、游标、底座、划线爪、测量爪和固定螺钉等组成，它们都装在底座上（底座下面为工作平面），如图 1-10 所示。

　　测量爪有两个测量面：下测量面为平面，用来测量高度；上测量面为弧形，用来测量曲面高度。当用游标高度尺划线时，必须装上专用的划线爪。

图 1-10　游标高度尺

6. 外径千分尺（千分尺）

外径千分尺是生产中常用的测量工具，主要用来测量工件的长、宽、厚及外径尺寸，它的测量精度为 0.01mm，其测量范围以每 25mm 为单位进行分档。常用外径千分尺的规格有 0～25mm、25～50mm、50～75mm、75～100mm 及 100～125mm 等，如图 1-11 所示。

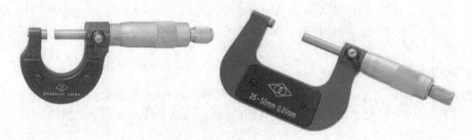

图 1-11　外径千分尺

外径千分尺测量原理：测微螺杆上螺纹的螺距为 0.5mm，当微分筒转动一周时，测微螺杆就轴向移动 0.5mm，固定套筒上刻有间隔为 0.5mm 的刻度线，微分筒圆周上均匀刻有 50 格，因此，当微分筒每转一格时，测微螺杆就移动 0.5/50=0.01mm，如图 1-12 所示。

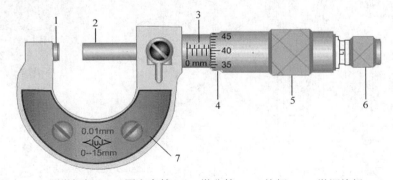

1－测砧；2－测微螺杆；3－固定套筒；4－微分筒；5－旋钮；6－微调旋钮；7－框架

图 1-12　外径千分尺结构

测微头（固定套筒和微分筒）的读数可按下述方法确定：

（1）由固定套筒上露出的刻度线读出工件的毫米整数和半毫米数。

（2）从微分筒上由固定套筒纵向刻度线所对准的刻度线读出工件的小数部分（百分之几毫米），不足一格的数（千分之几毫米）可用估读法确定。

（3）将两次读数的值相加就得到工件的测量尺寸。

测微头的读数方法如图 1-13 所示。

  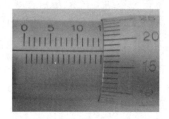

　　（a）4+0.276=4.276mm　　　　（b）8+0.35=8.35mm　　　　（c）14+0.5+0.18=14.68mm

图 1-13　测微头的读数方法

使用外径千分尺时的注意事项如下：

（1）在使用外径千分尺之前，应先将检验棒置于测砧与测微螺杆之间，检查固定套筒中线（基准线）和微分筒的零线是否重合，如不重合，则必须校验调整后再使用。

（2）测量时，把被测件放入测砧与测微螺杆之间，先用测砧抵住被测件的一面，然后转动测微头旋钮，直到被测件的另一面与测微螺杆接触，棘轮出现空转，测微头发出嗒嗒的声响时即可读数。

7. 百分表

百分表的结构和工作原理：如图 1-14 所示，测量时，当带有齿条的测量杆上升时，带动小齿轮 z_2 转动，与 z_2 同轴的大齿轮 z_3 及小指针也跟着转动，而 z_3 又带动小齿轮 z_1 及其轴上的大指针偏转；游丝的作用是迫使所有齿轮做单向啮合，以消除由于齿侧间隙而引起的测量误差，弹簧是用来控制测量力的。

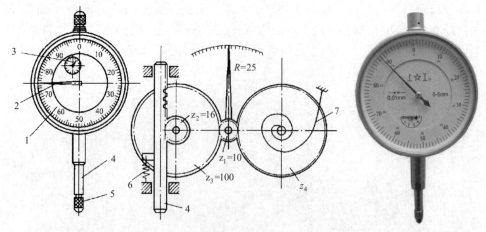

1—表盘；2—大指针；3—小指针；4—测量杆；5—测量头；6—弹簧；7—游丝

图 1-14　百分表

　　测量时，测量杆移动 1mm，大指针正好回转一圈，在百分表的表盘上沿圆周刻有 100 等分格，其刻度值为 1/100=0.01mm。

　　测量时，大指针转过 1 格刻度，表示零件尺寸变化 0.01mm。应注意测量杆要有 0.3～1mm的预压缩量，以保持一定的初始测力，避免负偏差测不出来。

　　8. 万能游标量角器（万能角度尺）

　　万能游标量角器可以测量零件和样板等的内外角度，测量范围为 0°～320°，标准分度值有 2′和 5′两种，如图 1-15 所示。

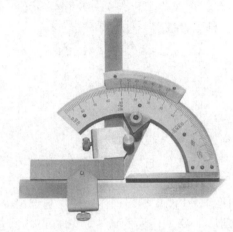

图 1-15　万能游标量角器

　　万能游标量角器的刻线原理：在扇形板上刻有间隙为 1°的刻度线，共 120 格，游标 1 固定在底板上，可以沿扇形板转动，它上面刻有 30 格刻度线，对应扇形板上的刻度数为 29°，则游标上每格度数=29°/30=58′，扇形板与游标每格相差 1°-58′=2′，夹紧块将角尺和直尺固定在底板上，如图 1-16 所示。

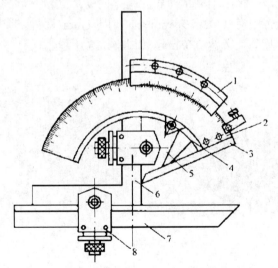

1—游标；2—扇形板；3—基尺；4—制动器；5—底板；6—角尺；7—直尺；8—夹紧块

图 1-16　万能游标量角器结构

9. 量块

量块是一种精密的标准量具，它主要用于调整、校正或检验量仪、量具及各种精密工件，如图 1-17 所示。

图 1-17　量块

量块的精度等级分为 0 级、1 级、2 级和 3 级。

量块的外形一般为长方体，它具有两个经精密加工、表面粗糙度值极小的平行测量面，两测量面之间的距离为测量尺寸，也就是量块的尺寸。

使用方法：为了工作方便和减少测量积累误差，应尽量选最少的块数进行测量。87 块一套的量块，一般选用不超过四块；42 块一套的量块，一般选用不超过五块。

计算时，第一块应根据组合尺寸的最后一位数字选取，以后各块依此类推。例如，所要测量的组合尺寸为 48.245mm，从 87 块一套的盒中选取 1.005mm、1.24mm、6mm、40mm 四块。

在将量块组合时，应擦净量块的两测量面，薄的放在中间，研合在一起，复检尺寸后使用。

10. 塞尺

塞尺也称厚薄规，是一种用于测量两表面间隙的薄片式量具。它由一组厚度尺寸不同的弹性薄片组成，其测量范围有 0.02～0.1mm 和 0.1～1mm 两种，前者相邻薄片间厚度差为 0.01mm，后者相邻薄片间厚度差为 0.05mm，如图 1-18 所示。

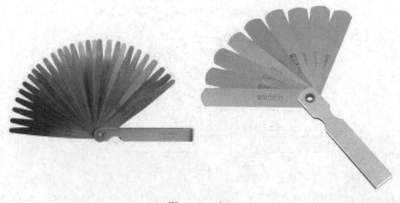

图 1-18　塞尺

使用塞尺时，应根据被测两平面间隙的大小，先选用较薄的一片插入被测间隙内，若仍有间隙，则选择较厚的依次插入，直至恰好塞进间隙且不松不紧，则该片塞尺的厚度即为被测间隙的大小。若没有所需厚度的塞尺，可选取若干片塞尺相叠代用，但最多不能超过 4 片，将薄片夹在中间，被测间隙即为各片塞尺厚度之和，但这种方法存在测量误差。

使用塞尺时应注意以下事项：

（1）根据结合面的间隙情况选用塞尺片数，但片数愈少愈好。

（2）不能用塞尺测量温度较高的工件。

（3）使用塞尺时不能戴手套，并保持手的干净、干燥。

（4）观察塞尺有无弯折或生锈，以免影响测量的准确度。

（5）擦拭塞尺上的灰尘和油污，以免影响测量的准确度。

（6）测量时不能强行把塞尺塞入测量间隙，以免塞尺弯曲或折断。

11．刀口尺

刀口尺有镁铝合金与钢制的两种，加工过程中经过稳定性处理和去磁处理，精度可以分为 0 级和 1 级，如图 1-19 所示。

图 1-19　刀口尺

刀口尺主要用光隙法进行直线度测量和平面度测量，也可与量块一起用于检验平面精度。它具有结构简单、重量轻、不生锈、操作方便、测量效率高等优点，是机械加工中常用的测量工具。

使用时，将刀口尺垂直轻落，紧靠在工件表面，并在纵向、横向和对角线方向上逐次检查，如图 1-20 所示。

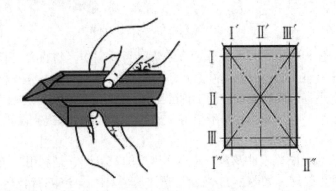

图 1-20　光隙法测量平面度

检验时，如果刀口尺与工件平面透光微弱而均匀，则该工件平面度合格；如果进光强弱不一，则说明该工件平面凹凸不平。可在刀口尺与工件紧靠处插入塞尺，根据塞尺的厚度即可确定平面度的误差，如图 1-21 所示。使用时，注意刀口尺的锐尖刀口，以防伤害，用后将刀口尺擦净入盒保管。

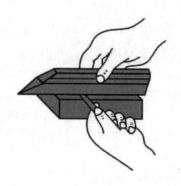

图 1-21　塞尺配合刀口尺测量

12.　直角尺

直角尺是检验和划线工作中常用的量具，用于检测工件的垂直度及工件相对位置的垂直度，是一种专业量具，适用于机床、机械设备及零部件的垂直度检验、安装加工定位及划线等，是机械行业中的重要测量工具。它的特点是精度高，稳定性好，便于维修。

直角尺通常用钢、铸铁或花岗岩制成，钳工常用的直角尺有宽座直角尺和刀口直角尺，如图 1-22 所示。

图 1-22　宽座直角尺和刀口直角尺

使用前，应首先检查直角尺各工作面和边缘是否被碰伤。将直角尺长边（尺苗）的上、下测量面和短边（尺座）的内、外基准面（即内外直角），以及被检工作面擦拭干净。

使用时，将宽座直角尺靠放在被测工件的工作面上，用光隙法鉴别工件的角度是否合格。使用后将直角尺放平保存，如长时间不使用，在直角尺的表面涂上一层工业用油即可。

13.　正弦规

正弦规是用于准确检验零件及量规角度和锥度的量具。它是利用三角函数的正弦关系来度量零件的，故称正弦规，如图 1-23 所示。正弦规主要由一个带有精密工作平面的平台和两个精密圆柱组成，四周可以装有两块互相垂直的挡板，测量时作为放置零件的定位板。

图 1-23　正弦规

使用时，根据被测工件的尺寸和角度将其合理放置在平台上，并倾斜一定角度（通过计算确定），用量块组合垫高尺寸放于圆柱下方，调整百分表，借助量块组成测量高度尺寸进行测量。

使用后，应擦净、涂油、入盒保管。

四、测量误差

进行测量是想要获得被测量的测量值。然而测量要根据一定的理论或方法，使用一定的量具和量仪，并在一定的环境中由具体的人进行操作。由于实验理论上存在着近似性，方法上难以很完善，测量量具的仪器灵敏度和分辨能力有局限性，周围环境不稳定等因素，被测量的实际值是不可能测得的，测量结果和被测量的实际值之间总会存在或多或少的偏差，这种偏差就叫作测量误差。

1．直接测量和间接测量

直接测量就是将量具与被测量进行比较，直接得到结果；间接测量则是不能直接用量具把被测量的大小测出来，而要根据被测量与某几个直接测量值的函数关系求出被测量。

2．测量误差产生的原因

测量工作是在一定条件下进行的，外界环境、观测者的技术水平和量具本身的构造不完善等原因，都可能导致测量误差的产生。通常把测量量具、观测者的技术水平和外界环境三个方面综合起来，称为观测条件。观测条件的不理想和不断变化，是产生测量误差的根本原因。

从使用上来考虑，测量误差产生的原因如下：

（1）量具误差：制造、检验、自检等。

（2）操作误差：位置、紧力、读数、数据处理等。

（3）环境误差：季节、温度、清洁、湿度等。

（4）方法误差：原理、量具选错等。

3．减小测量误差的方法

（1）在测量前先校准量具零位，将量具擦拭干净。

（2）注意量具的使用环境要求，如温度、湿度等，确保测量在最佳环境下进行。

（3）确保测量过程和数据读取的正确性，严格遵守测量标准或量具的使用要求。

（4）对每个数据应根据需要进行多次测量，并求平均值。

【实际操作】

作业练习一：熟知游标卡尺的读数方法，并进行读数练习，如表 1-1 所示。

表 1-1　读数练习一

测量示例	快速读出游标零刻线前主尺的整毫米数	快速读出与主尺刻线对齐的游标刻线读数（小数）	快速算出主尺读数与游标读数的和,即测量结果
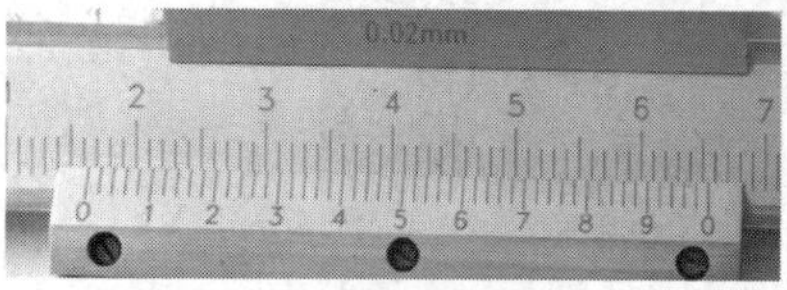			
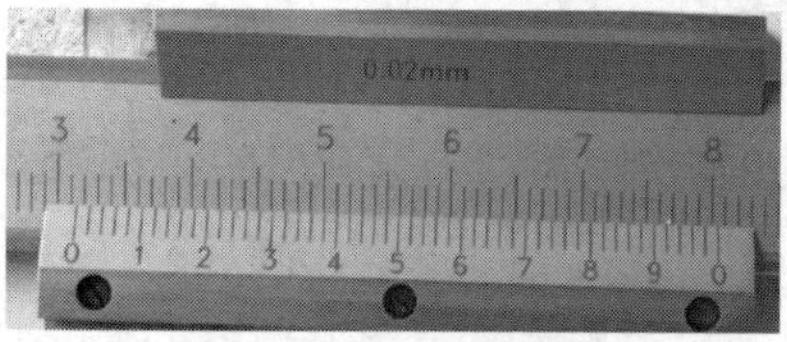			
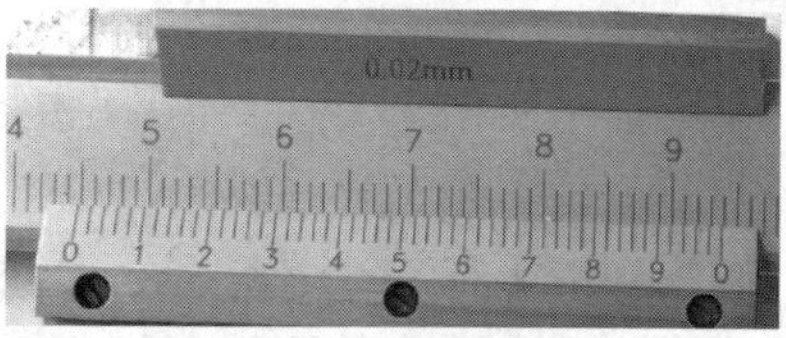			
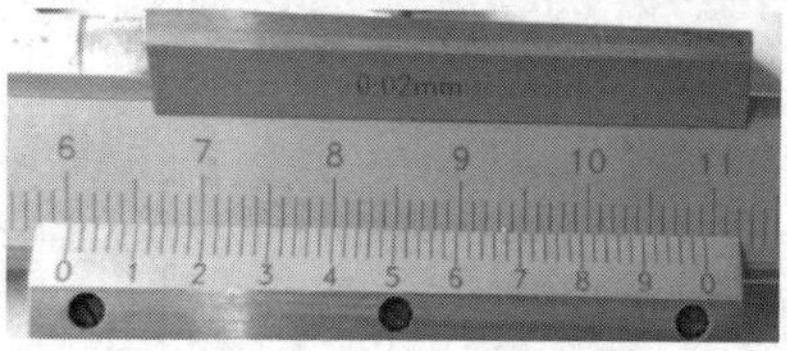			

作业练习二：熟知千分尺的读数方法，并进行读数练习，如表 1-2 所示。

表 1-2　读数练习二

测量示例	快速读出固定套筒露出的刻线读数（毫米整数和半毫米数）	快速读出微分筒上与固定套筒基准刻度线所对准的刻度线读数（小数）	快速算出两读数的和,即测量结果
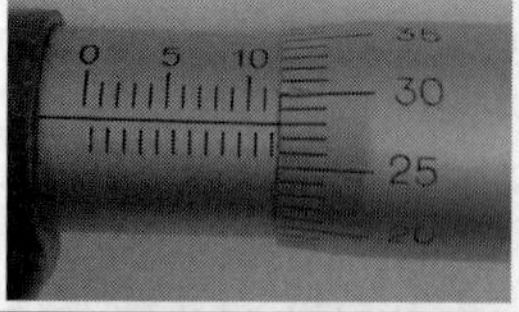			
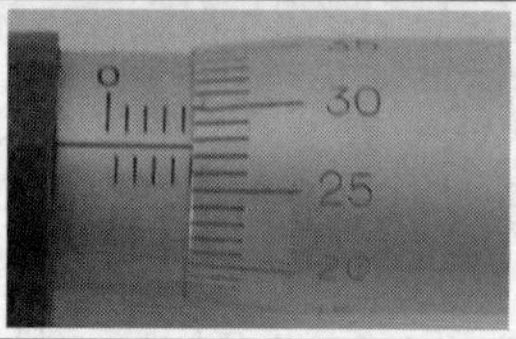			

测量示例	快速读出固定套筒露出的刻线读数（毫米整数和半毫米数）	快速读出微分筒上与固定套筒基准刻度线所对准的刻度线读数（小数）	快速算出两读数的和，即测量结果

作业练习三：熟知万能角度尺的读数方法，并进行读数练习，如表 **1-3** 所示。

表 1-3　读数练习三

测量示例	快速读出游标零刻线前扇形尺身对应的整角度数（度）	快速读出游标上与扇形尺身刻度线所对准的刻度线读数（分）	快速算出两读数的和，即测量结果

作业练习四：正确选择量具，进行六边形板测量练习，如图 **1-24** 所示，并在表 **1-4** 中记录测量结果。

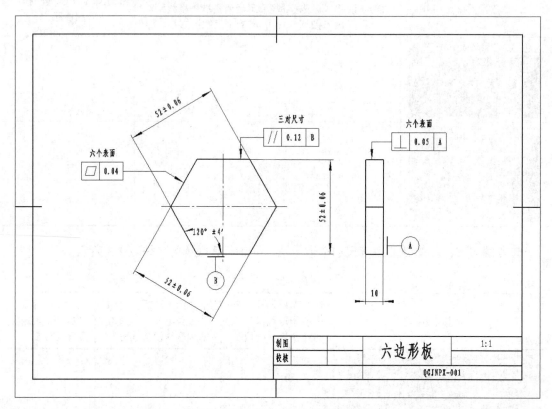

图 1-24　QGJNPX-001 六边形板零件

表 1-4　测量记录

测量项目	标注公差	使用量具	测量结果		
尺寸公差	52±0.06				
形位公差	▱ 0.04				
	∥ 0.12 B				
	⊥ 0.05 A				

项目二 划线

【工艺知识】

划线是根据图样要求，在毛坯或工件上用划线工具划出待加工部件的轮廓线或作为基准的点、线的操作。划线分为平面划线和立体划线两种。

只需在一个平面上划线就能满足加工要求的，称为平面划线；需同时在工件几个不同的表面上划线才能满足加工要求的，称为立体划线，如图 2-1 所示。

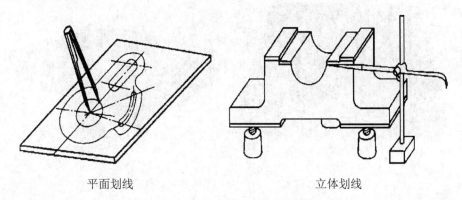

平面划线　　　　　　　　　　　　立体划线

图 2-1　平面划线和立体划线

划线的作用如下：

（1）确定工件的加工余量，使加工有明确的尺寸界限。

（2）便于复杂工件按划线来找正在机床上的正确位置。

（3）能够及时发现和处理不合格的毛坯，避免再加工而造成更严重的经济损失。

（4）采用借料划线可以使误差不大的毛坯得到补救，使加工后的零件仍能符合图样要求。

划线的要求如下：

（1）保证尺寸准确。

（2）线条清晰均匀、不重复、不漏划。

（3）长、宽、高三个方向的线条互相垂直。

（4）不能依靠划线直接确定加工零件的最后尺寸。

一、划线工具

划线工具如下：

（1）基准工具：包括划线平板、方箱、V 形铁、三角铁、弯板以及各种分度头等。

（2）测量工具：包括钢板尺、量高尺、游标卡尺、万能角度尺、直角尺以及测量长尺寸的钢卷尺等。

（3）绘划工具：包括划针、划线盘、游标高度尺、划规、划卡、平尺、曲线板、手锤、样冲等。

（4）辅助工具：包括垫铁、千斤顶、C 形夹头、C 形夹钳，以及找中心划圆时打入工件孔中的木条、铅条等。

二、常用划线工具

1. 划线平板

划线平板一般由铸铁或大理石制成，工作表面经过精刨、刮削，也可采用精磨加工而成。较大的划线平板由多块组成，适用于大型工件划线。它的工作表面应保持水平并具有较好的平面度，这是划线或检测的基准，如图 2-2 所示。使用时保持清洁干净，防止划伤、碰伤，使用后用软布覆盖。

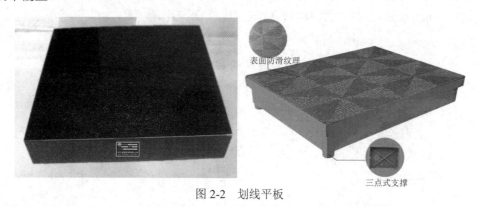

图 2-2   划线平板

2. 方箱

方箱般由铸铁制成，各表面均经刨削及精刮加工，六个面相互成直角，将工件夹到方箱的 V 形槽中，能迅速地划出三个方向的垂线，如图 2-3 所示。

图 2-3   方箱

3. 游标高度尺

游标高度尺是用于测量高度尺寸的精密量具，其测量爪可测量并直接在工件上进行划线，如图 2-4 所示。

4. 划规

划规由工具钢或不锈钢制成，两脚尖端淬硬或焊上一段硬质合金，使之耐磨。可以量取尺寸、定角度、划分线段、划圆、划圆弧线、测量两点间距离等，如图 2-5 所示。使用时防止碰伤规脚、扎伤操作者。

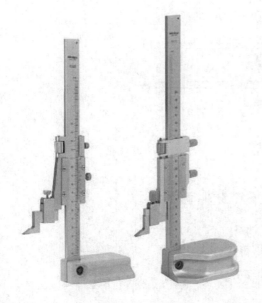

（a）普通游标高度尺　　　　　　　　（b）数显高度尺

图 2-4　游标高度尺

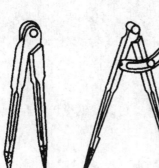

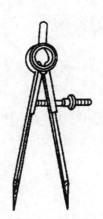

（a）普通划规　　　（b）扇形划规　　　（c）弹簧划规

图 2-5　划规

5. 划针

划针一般由 4～6mm 弹簧钢丝或高速钢制成，尖端淬硬或焊接上硬质合金。划针是用来在被划线的工件表面沿着钢板尺、直尺、角尺或样板进行划线的工具，如图 2-6 所示。

划针有直划针和弯头划针两种。划线时，针尖只能向后拉，不能向前冲，否则会扎入工件，注意针尖伤人或损坏。

6. 样冲

样冲用于在钻孔中心处冲出钻眼，以防止钻孔中心滑移，也用于在已划好的线上冲眼，对划线进行标记、确定尺寸界限及中心位置。

样冲一般由工具钢制成，也可以由较小直径的报废铰刀、多刃铣刀改制而成，尖梢部位淬硬，如图 2-7 所示。

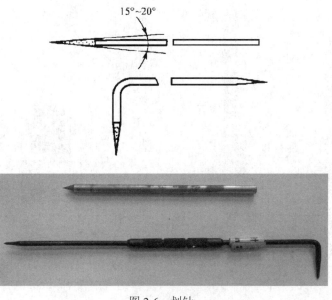

图 2-6 划针

图 2-7 样冲

7. 量高尺

量高尺由钢板尺和尺架组成，拧动调整螺钉可改变钢板尺的上下位置，因而可方便地读出划线所需要的尺寸，如图 2-8 所示。

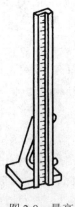

图 2-8 量高尺

8. 划线盘

划线盘是在工件上划线和校正工件位置时常用的工具。普通划线盘的划针一端（尖端）一般都焊上硬质合金以划线用，另一端制成弯头以做校正工件用。普通划线盘刚性好、不易产生抖动，应用很广。微调划线盘的使用方法与普通划线盘相同，不同的是其具有微调装置，拧动调整螺钉，可使划针尖端有微量的上下移动，使用时调整尺寸方便，但刚性较差，如图 2-9 所示。

普通划线盘　　　　微调划线盘

图 2-9　划线盘

9. 千斤顶

千斤顶通常三个一组使用，螺杆的顶端淬硬，一般用来支承形状不规则、带有伸出部分的工件和毛坯件，以进行划线和找正操作，如图 2-10 所示。

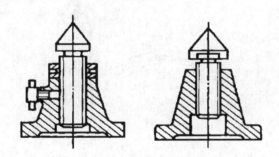

图 2-10　千斤顶

10. V 形铁

V 形铁一般由铸铁或碳钢精制而成，相邻各面互相垂直，主要用来支承轴、套筒、圆盘等圆形工件，以便于找中心和划中心线，保证划线的准确性，同时保证了工件的稳定性，如图 2-11 所示。

图 2-11　V 形铁

11．C 形夹钳

C 形夹钳用于在划线时夹紧固定工件，如图 2-12 所示。

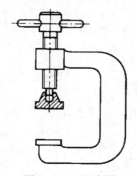

图 2-12　C 形夹钳

12．中心架

中心架用于在划线时填充空心的圆形工件，以确定圆心的位置，方便划出圆弧，如图 2-13 所示。

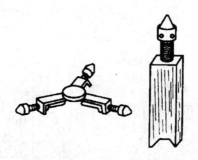

图 2-13　中心架

13．直角铁

直角铁一般由铸铁制成，经过刨削和刮削，它的两个垂直平面的垂直精度很高。直角铁上的孔或槽是搭压工件时穿螺栓用的。它常与 C 形夹钳配合使用。在工件上划底面垂线时，可将工件底面用 C 形夹钳和压板在直角铁的垂直面上压紧，划线非常方便，如图 2-14 所示。

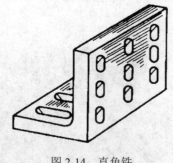

图 2-14　直角铁

14．垫铁

垫铁是用于支承和垫平工件的工具，便于划线时找正。常用的垫铁有平行垫铁、V 形垫铁和斜楔垫铁，一般用铸铁和碳钢加工制成，如图2-15所示。

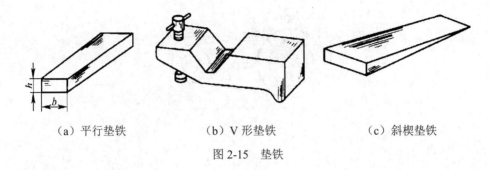

（a）平行垫铁　　　　　（b）V形垫铁　　　　　（c）斜楔垫铁

图2-15　垫铁

三、划线基准

1. 划线基准

（1）基准：是用来确定生产对象几何要素间的几何关系所依据的点、线、面。

（2）设计基准：是在零件图上用来确定其他点、线、面位置的基准。

（3）划线基准：是指在划线时选择工件上的某个点、线、面作为依据，用它来确定工件的各部分尺寸、几何形状及工件上各要素的相对位置。

2. 划线基准的选择

应先分析图样，找出设计基准，使划线基准与设计基准尽量一致，能够直接量取划线尺寸，简化换算过程。

划线基准一般可根据以下三个原则来选择：

（1）以两个互相垂直的平面（或线）为划线基准，如图2-16所示。

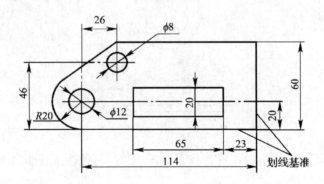

图2-16　以两个互相垂直的平面（或线）为划线基准

（2）以两条中心线为划线基准，如图2-17所示。

（3）以一个平面和一条中心线为划线基准，如图2-18所示。

3. 找正和借料

找正就是利用划线工具（如划线盘、角尺、单脚规等）使工件上相关的毛坯表面处于合适的位置，如图2-19所示，利用划线工具找出 A 面的空间位置来调整工件，划出其底座下面的加工线。

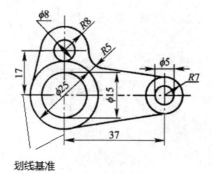

图 2-17 以两条中心线为划线基准

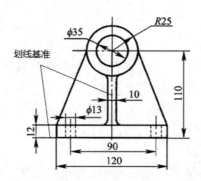

图 2-18 以一个平面和一条中心线为划线基准

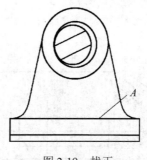

图 2-19 找正

（1）毛坯上有不加工表面时，通过找正后再划线，可使加工表面与不加工表面之间保持尺寸均匀。

（2）当毛坯上有两个以上的不加工表面时，应以其中面积较大、较重要的或外观质量要求较高的表面为主要找正依据。

（3）当毛坯上没有不加工表面时，通过对各加工表面自身位置找正后再划线，可使各加工表面的加工余量得到合理和均匀的分布，而不至于出现过于悬殊的情况。

借料就是通过试划和调整，使各个待加工表面的加工余量合理分配、互相借用，从而保证各加工表面都有足够的加工余量，而误差和缺陷可在加工后排除。根据图 2-20（a）所示的圆环图样尺寸标注，在工件上应划出理想的加工位置界线，如图 2-20（b）所示，但由于在铸造或孔加工过程中产生缺陷，孔中心轴线和外圆中心轴线不同心，通过借料调整加工量，划出加工界限来消除缺陷，如图 2-20（e）所示。

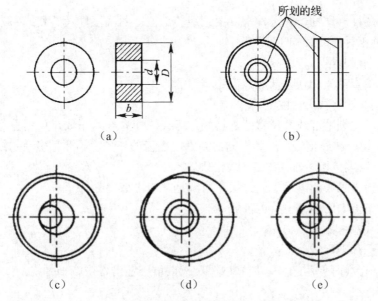

图 2-20　圆环借料划线

借料划线操作时，首先要知道待划毛坯误差的程度，然后确定需要借料的方向和大小。

四、划线操作方法

1. 工具的准备

划线前，必须根据工件划线的图样及各项技术要求，合理地选择所需要的各种工具。每件工具都要进行检查，如有缺陷，应及时修整或更换，否则会影响划线质量。

2. 工件的准备

（1）工件的清理。

（2）工件的涂色。粗加工表面用石灰水；精加工表面用酒精溶液配色的工艺墨水，如图 2-21 所示。

图 2-21　工艺墨水

（3）在工件孔中装入中心塞块，以便找孔的中心，用划规划圆。

3．划线的步骤

（1）看清图样，详细了解工件上需要划线的部位；明确工件及其划线部分在产品中的作用和要求；了解工件的后续加工工艺。

（2）确定划线基准。

（3）初步检查毛坯的误差情况，确定借料的方案。

（4）正确安放工件和选用工具。

（5）划线。先划基准线和位置线，再划加工线。即先划水平线，再划垂直线和斜线，最后划圆、圆弧、切线和连接线。注意根据需要划出相应的线条，不要划多余的线条，否则工件表面全是线条，影响判断、加工和零件表面质量。

（6）详细检查划线的准确性，线条不可漏划、重划或错划。

（7）在线条上需要的部位打样冲。

4．平面划线基本操作

（1）划直线和平行线。

划直线和平行线时使用划针，依靠钢板尺或直角尺划出直线或平行线。

（2）划垂直线。

划垂直线有两种方法，一种是利用角度尺划出，另一种是用作图法划出。如果要求划线准确、误差小，使用作图法较好。利用划规划出垂直线。

（3）划圆和圆弧。

划圆和圆弧时，应先确定圆和圆弧的中心（划出中心线），调整所需规脚尺寸（圆弧半径），使划规的一个尖脚扎入工件表面或样冲眼内，另一规脚尖沿顺时针或逆时针方向将圆弧划出。

（4）划角度线。

划角度线时，借助角度样板或利用三角函数计算确定连接点划出线条。

5．立体划线基本操作

根据 QGJNPX-001 六边形板零件的尺寸要求，划出对边尺寸为 52mm 的六边形板的加工线条，图 2-22 所示为立体划线操作。

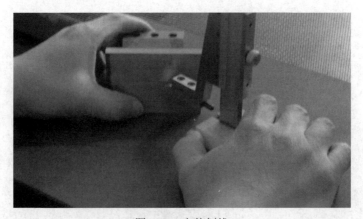

图 2-22　立体划线

五、制图工艺技能

在电力生产检修中，应掌握机械制图的国家标准，读懂图、会绘图。工作中经常用到的图主要有生产系统图、流程图、原理图、示意图、电气图、焊接图、装配图、零件图等，所以制图工艺技能非常重要。

现场经常应用徒手绘图方法，就是根据零件实物目测或实测进行徒手草绘并标注尺寸及要求，图 2-23 所示为徒手绘图的基本画法，图 2-24 所示为手工绘制的零件草图。

 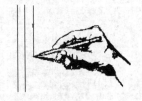

（a）移动手腕自左向右画水平线　　（b）移动手腕自上向下画垂直线

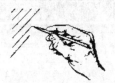 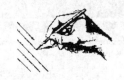

（c）倾斜线的两种画法

图 2-23　徒手绘图的基本画法

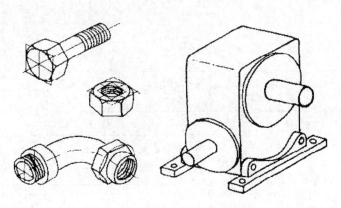

图 2-24　手工绘制的零件草图

规范绘图常应用标准图幅比例绘图（绘图板绘图）或计算机绘图（AutoCAD、CAXA 等），如系统图（图 2-25）、流程图（图 2-26）、原理图（图 2-27）、装配图（图 2-28）、零件图（图 2-29）等。

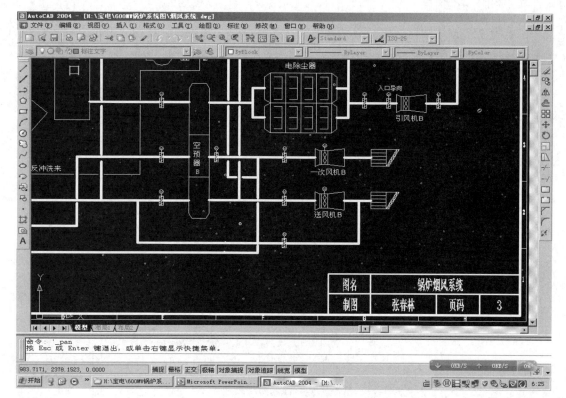

图 2-25　系统图

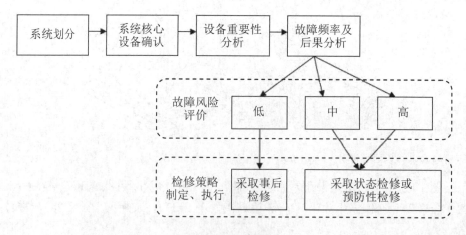

图 2-26　流程图

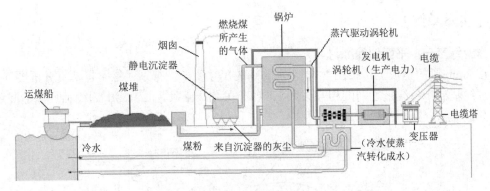

图 2-27　原理图

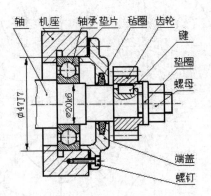

图 2-28　装配图

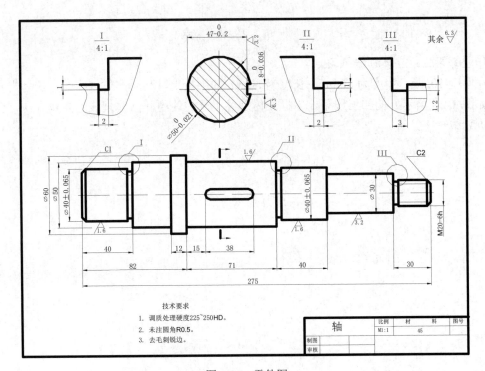

技术要求

1. 调质处理硬度225~250HD。

2. 未注圆角R0.5。

3. 去毛刺锐边。

轴	比例	材　料	图号
	M1:1	45	
制图			
审核			

图 2-29　零件图

【实际操作】

作业练习一：平面划线练习。

在 2mm 厚的钢板上，按图 2-30 所示的划线尺寸要求进行划线练习，认真分析图样尺寸，确定划线基准和各线条之间的相互关系，准备相关划线工具，正确使用划线工具并掌握划线方法，会检查和分析划线缺陷。

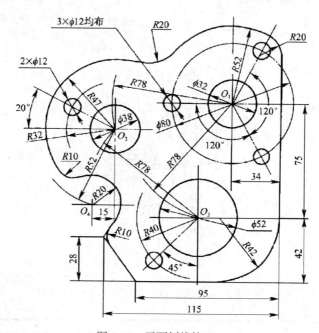

图 2-30　平面划线练习

作业练习二：立体划线练习。

在厚度 10mm、宽度为 60mm、长度为 60mm 的钢板上，利用立体划线的方法划出六边形板（如图 1-24 所示）的加工线条，掌握立体划线工具的使用和立体划线的操作方法，会检查和分析划线缺陷。

项目三 锯割

【工艺知识】

锯割就是用手锯对材料或工件进行切断或切槽等的加工方法，如图 3-1 所示。锯割为粗加工操作方法，锯割表面质量不高。

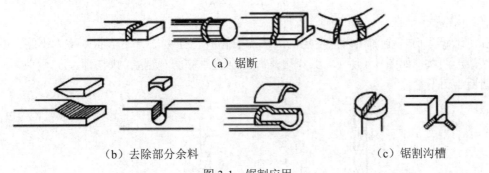

（a）锯断

（b）去除部分余料　　　　　　　　　　　　　　　（c）锯割沟槽

图 3-1　锯割应用

一、手锯

手锯由锯弓和锯条组成，如图 3-2 所示。

图 3-2　手锯

1. 锯弓

用来安装并张紧锯条，有固定式锯弓、可调式锯弓和强力锯弓等。

2. 锯条

锯条常用渗碳软钢、碳素工具钢、合金钢等材料加工制成，有刚性锯条和柔性锯条。

锯条的长度以两端固定孔的中心距来表示，常用的中心距为 300mm。

（1）锯齿的切削角度。

锯齿相当于一排同样形状的錾子，每个齿都有切削作用。锯齿的切削角度如图 3-3 所示。

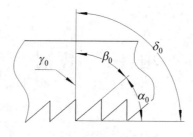

图 3-3　锯齿的切削角度

前角 γ_0 为 0°，锯齿前刀面与切削表面切削刃处的垂直基面重合，后角 α_0 为 40°，楔角 β_0 为 50°。

$$\alpha_0 + \beta_0 + \gamma_0 = 90°$$

（2）锯路。

在制造锯条时，全部锯齿按一定的规律左右错开，排列成一定形状，称为锯路。有交叉型和波浪形两种，如图 3-4 所示，其作用是减少锯缝两侧面对锯条的摩擦阻力，避免锯条被夹住或折断。

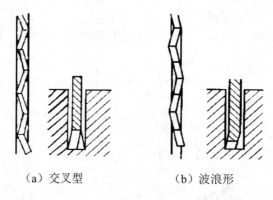

（a）交叉型　　　　　　（b）波浪形

图 3-4　锯路

（3）锯齿的粗细。

锯齿的粗细以锯条每 25mm 长度内的齿数来表示，有 18 齿、24 齿、32 齿，分为粗、中、细三种。

二、锯割方法

1. 锯割操作的步骤

（1）选择锯条。

根据工件材料的硬度和厚度选择，材料较硬、厚度较薄，以及锯割管子时宜选用细齿锯条，反之选用粗齿锯条。

（2）装夹锯条。

锯条是在前推时才起切削作用的，因此安装锯条时应使齿尖的方向朝前，如图 3-5（a）所示，如果装反了，见图 3-5（b），则锯齿前角为负值，不能正常锯割。注意，安装锯条时锯齿方向应向前，锯条的松紧要合适，且锯条不能歪斜和扭曲，否则锯割时易折断或歪斜，不能保证锯割质量。

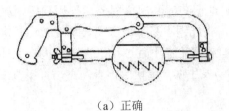
（a）正确

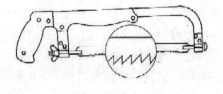
（b）不正确

图 3-5　锯条的安装

（3）装夹工件。

工件应尽可能装夹在台虎钳的左边，避免操作者抱着台虎钳操作，也防止操作时碰伤左手。

工件伸出钳口要短，锯切线离钳口要近，距离为 10～20mm，否则锯割时会产生颤动。工件要夹牢夹稳，不可有抖动和变形。

（4）手锯的握法。

右手满握锯弓手柄，左手轻扶在锯弓前端，左手拇指压在锯弓背上，其余四指扣住锯弓前端，双手协调握锯操作，右手向前推锯并向下压锯，左手向下压锯并引导锯弓的运动方向，如图 3-6 所示。

图 3-6　手锯的握法

（5）起锯。

起锯是锯割工作的开始，起锯质量的好坏直接影响锯割质量。起锯有远起锯和近起锯两种，如图 3-7 所示。

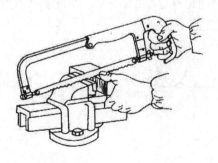
（a）远起锯

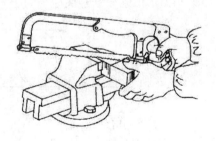
（b）近起锯

图 3-7　起锯

起锯时，左手拇指靠住锯条齿背，使锯条正确地锯在需要的位置上，行程要短，压力要小，速度要慢。起锯角约为 15°，如果起锯角太大，则起锯不易平稳，尤其是近起锯时锯齿会被工件棱边卡住引起崩裂，如图 3-8（b）所示。但起锯角也不宜过小，否则锯齿与工件同时接触的齿数过多，不易切入材料，多次起锯往往容易发生偏离，使工件表面锯出许多锯痕，影响表面质量，如图 3-8（c）所示。

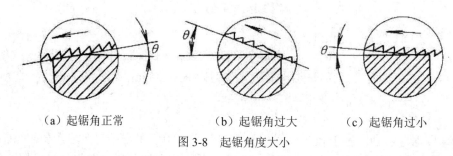

（a）起锯角正常　　　　　　（b）起锯角过大　　　　　（c）起锯角过小

图 3-8　起锯角度大小

一般情况下，采用远起锯较好，因为远起锯锯齿是逐步切入材料的，锯齿不易卡住，起锯也较方便。正常起锯时，应使锯条的全部有效锯齿在每次行程中都参加切削。

（6）锯割姿势和动作。

锯割时右手握锯弓手柄，左手轻扶锯弓前端，将锯条搭在材料要锯割的位置，两脚前后站立，身体重心在前脚。利用前腿弯曲，身体重心前移，同时开始推锯，锯条有效行程超过一半时，身体重心后移回到初始位置，双手继续推锯至有效行程后，拉回锯弓，回程时取消向下的压力。周而复始，使锯弓做前后直线或摆动往复运动，不可做左右摆动运动，推拉手锯不能用爆发力。锯割速度以每分钟往返 30～50 次为宜，锯割硬材料时速度要慢些，锯割软材料时速度可快些，锯割时要用锯条全长的 2/3 以上。

推锯的动作有直线式和摆动式两种：直线式推锯适用于锯割沟槽和锯割去料的根部清角；而摆动式推锯则适用于大多数的锯割作业，且锯割中有少数的锯齿在切割，切削深度较大，切屑能及时排出，切削速度较快，锯割质量容易保证。

2. 棒料的锯割

要求断面比较平整，连续锯到结束。

3. 管子的锯割

（1）用矩形纸条按锯割尺寸绕管子外圆，然后用记号笔划出锯割线，如图 3-9 所示。

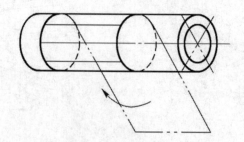

图 3-9　画管子的锯割线

（2）锯割时管子必须夹正。对于薄壁管子和精加工过的管子，应夹在 V 形槽的木衬垫之间，锯割时不断顺向旋转位置锯割，如图 3-10 所示。

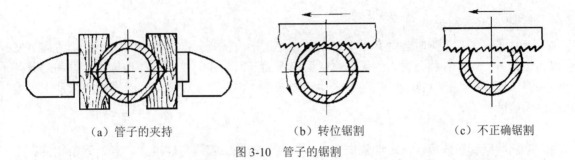

（a）管子的夹持　　　　　　（b）转位锯割　　　　　　（c）不正确锯割

图 3-10　管子的锯割

4. 薄板料的锯割

锯割薄板料时，可将夹板料的两木板连同板料一起锯割，或将板料横向倾斜锯割。用手锯做横向斜推，使锯齿与薄板料接触的齿数增加，避免锯齿崩裂，如图 3-11 所示。

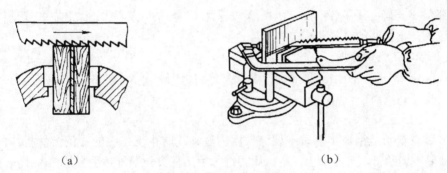

（a）　　　　　　　　　　　　　（b）

图 3-11　薄板料的锯割

5. 深缝的锯割

当锯缝深度大于锯弓宽度时，可通过调整锯条的安装位置来完成锯割操作，如图 3-12 所示。

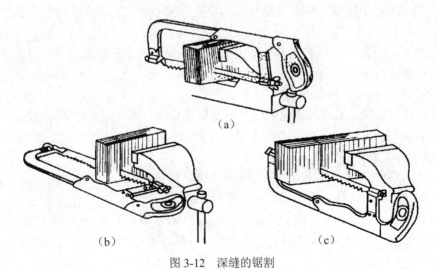

（a）

（b）　　　　　　　　　　　　　（c）

图 3-12　深缝的锯割

三、锯割缺陷的原因和锯割安全

1. 锯条折断的原因

工件未夹紧，锯割时工件有松动；锯条装得过松或过紧；锯割压力太大或锯割方向突然偏离锯缝方向；强行纠正歪斜的锯缝，或调换新锯条后仍在原锯缝过猛地锯下；锯割时锯条中间局部磨损，当推拉锯割时锯条被卡住引起折断；中途停止使用时，手锯锯条未从工件中取出而碰断。

2. 锯齿脱落的原因

锯割薄壁管子或薄板材时选错锯条，应选细齿锯条；起锯角度过大，卡住锯条，推锯力量过猛。

3. 锯条磨损的原因

锯条装反；锯割速度过快，产生的切削热不能有效散热；材料过硬或夹杂硬物。

4. 锯缝歪斜的原因

操作姿势不正确；手锯没有扶正；锯条安装不正确；手锯推拉过程中左右摆动；推锯时向下压力过大；锯齿两侧磨损不均匀。

5. 夹锯推拉不畅的原因

多部位起锯，不在一个锯割平面上；没有充分利用锯条全长的2/3以上；推锯时向下压力过大；需更换新锯条。

6. 锯割安全要求

锯条要装得松紧适当，锯割时不要突然用力过猛，防止工作中的锯条突然折断，崩出伤人；在工件要被锯断时，压力要小，避免压力过大使工件突然断开，手突然前冲造成事故。一般在工件将断时，要用左手扶住工件断开部分，避免其掉下砸伤脚。

四、锯割质量

1. 操作姿势要求

操作姿势正确，动作标准规范，推拉节奏稳定，锯缝成一直线，专心勤学多练，养成良好习惯。

锯割操作时，手锯、手、手腕、小臂、肘、大臂和肩在锯割加工线所在的垂直平面内做往复运动，进行锯割作业。

2. 锯割尺寸要求

锯割前，应根据加工要求确定锯割位置，划出尺寸线，如果需要对锯割表面进一步加工，则要根据锯割面积的大小，考虑锯割产生的尺寸误差和形位误差等缺陷，留一定的加工余量（0.5～1mm）。

起锯位置：线外起锯，适用于零件外形多余部分的锯割；线内起锯，适用于零件内部要去除部分的锯割；线中起锯，适用于将材料等分。

起锯时是关键，在保证尺寸的同时控制加工误差，锯出沟槽后，可测量并检查是否正确。开始锯割时，保持正确的操作姿势和动作，注意及时观察前后尺寸线，防止跑锯；发现歪斜应及时纠正。

【实际操作】

根据作业要求，在材料上划线并检查后，进行锯割下料和锯缝练习，正确选用和安装锯条，按操作姿势和动作要求，边练边锯，掌握操作要领，注意检查质量和分析缺陷，找出问题并解决，达到操作标准化、规范化，逐步提高锯割质量。

作业练习一：45#圆钢锯割练习。

如图 3-13 所示，在 ϕ32 圆钢上量取长度 106mm，进行圆周划线，正确选用并按要求安装锯条，按正确的操作姿势，掌握锯割速度，练习锯断材料，以符合图纸的要求。

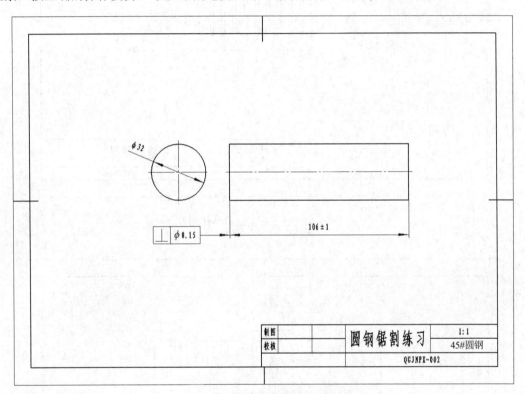

制图		圆钢锯割练习	1:1
校核			45#圆钢
		QGJNPX-002	

图 3-13　圆钢锯割练习零件图

作业练习二：G20 锅炉管锯割练习。

按图 3-14 的要求进行 G20 锅炉管划线锯割练习，掌握厚壁管子的锯割、直线锯割的操作方法，满足图纸要求。

作业练习三：Q235 钢板锯割练习。

按图 3-15 的要求锯割钢板，满足图纸上的尺寸和形位公差要求。

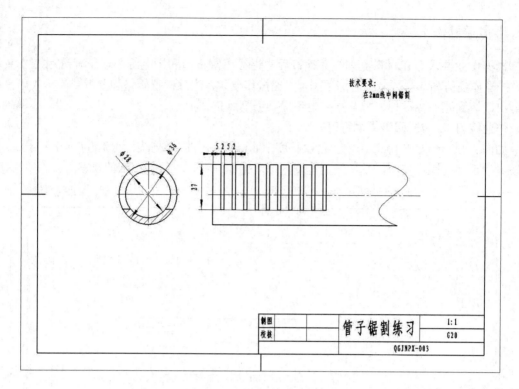

图 3-14　管子锯割练习零件图

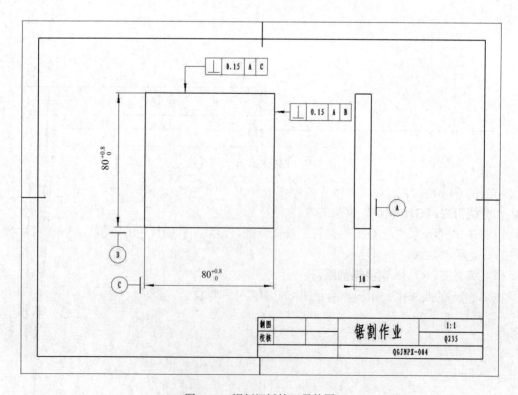

图 3-15　锯割钢板练习零件图

项目四 錾削

【工艺知识】

錾削是用手锤打击錾子对金属工件进行切削加工的方法。錾削应用于机械难以加工的场合，主要是去除毛坯上的凸缘、毛刺，分割材料，錾削平面、沟槽和油槽等。錾削操作属于粗加工，加工表面比较粗糙且有加工缺陷。

一、錾削工具

錾削主要工具是錾子和手锤。

1. 錾子

錾子由 T7A 或 T8A 钢材加工而成，切削部分呈楔形，经热处理后硬度为 HRC56～HRC62，其刃口楔角在砂轮机上修磨成一定的角度，用于不同金属材料的切削加工，切削一般材料使用的錾子楔角为 60°，切削较硬的材料使用的錾子楔角为 65°，切削较软的材料使用的錾子楔角为 35°～55°，如图 4-1 所示。

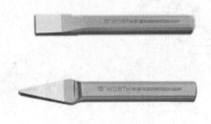

图 4-1　錾子

（1）扁錾（阔錾）。

扁錾的切削部分扁平，刃口略带弧形，用于錾削平面、去除毛刺、分割板料等，应用广泛，如图 4-2 所示。

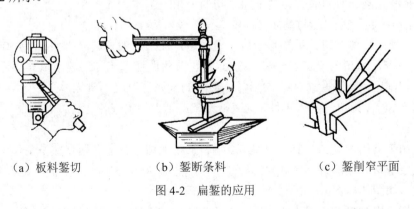

（a）板料錾切　　　　（b）錾断条料　　　　（c）錾削窄平面

图 4-2　扁錾的应用

（2）尖錾（狭錾）。

尖錾的切削刃比较短，切削部分两侧面从切削刃起向柄部逐渐变小，切削加工时刃口边缘易损伤，尖錾用于加工直槽，如图 4-3 所示。

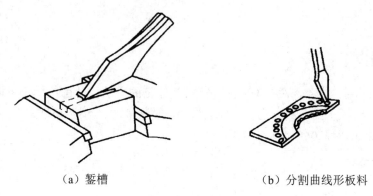

（a）錾槽　　　　　　　　　　（b）分割曲线形板料

图 4-3　尖錾的应用

（3）油槽錾。

油槽錾与尖錾类似，切削刃很短并呈圆弧形，切削部分呈弯曲形状，主要錾削轴瓦油槽，如图 4-4 所示。

（a）　　　　　　　　　　　　　（b）

图 4-4　油槽錾的应用

錾子的切削角度如下：

1）楔角 β_0：錾子前刀面与后刀面之间的夹角。

2）后角 α_0：錾子后刀面与切削平面之间的夹角，范围为 5°～8°。

3）前角 γ_0：錾子前刀面与基面之间的夹角。

如图 4-5 所示，錾削时，手握錾子成一定角度，加工一般材料时楔角 β_0 为 60°，所以握錾角度为 35°～38°，前角 γ_0 为 22°～25°，因此是正前角做切削工作，錾子依靠手锤的敲击一下一下向前做切削运动，去除金属。加工时，錾削的金属层厚度不宜太厚，一般为 0.2～2mm。握錾角度大于 38°，刃口易扎入工件，若小于 35°，则刃口易飞出工件。

2．手锤

手锤是钳工常用的敲击工具，由 T10A 钢材加工而成，有上下两个敲击工作面，手柄用硬而不脆的优质木材或玻璃纤维制成，常用的手柄长度为 300～350mm，手柄与锤头要连接牢固，用锤楔固定，如图 4-6 所示。

手锤的规格用锤头的质量大小表示，有 0.25 kg、0.5 kg、0.75 kg 和 1 kg 等。

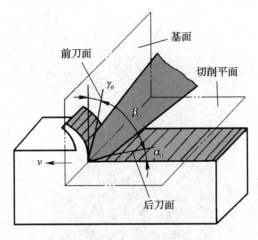

图 4-5　錾削角度

图 4-6　手锤

二、錾削的操作方法

1. 錾子的握法

（1）正握法。

手心向下，用中指、无名指和小拇指握住錾身，食指和大拇指自然弯曲，将錾子头部漏出 20mm，轻松握住錾子并将其倾斜 35°～38°，使其不转动、不移动，操作者的虎口肌肉处于放松状态，如图 4-7（a）所示。

（2）反握法。

手心向上，用大拇指、食指和中指握住錾身，无名指和小拇食指自然弯曲，将錾子头部漏出 20mm，轻松握住錾子并将其倾斜 35°～38°，使其不转动、不移动，操作者的掌部肌肉处于放松状态。如图 4-7（b）所示。

（3）立握法。

手心朝向錾子方向，用大拇指、食指和中指握住錾身，使錾身垂直，无名指和小拇食指自然弯曲，将錾子头部漏出 20mm，轻松握住錾子使其不转动、不移动，操作者的虎口肌肉处于放松状态，如图 4-7（c）所示。

2. 錾削时的站立姿势

錾削时的站立姿势很重要，身体要站正，两脚间距约为肩宽，重心在两脚中间，身体与台虎钳中心线成 45°，目光通过握錾子的手背上方看到錾刃和加工部位，头不要歪斜，如图 4-8所示。良好的操作姿势关系到锤头的运动轨迹有无偏离、锤击点是否准确、锤击力的大小、锤击速度的快慢、錾子的握持角度和握持稳定性、錾削质量等。

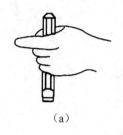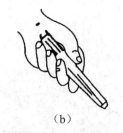

（a）　　　　　　　　　（b）　　　　　　　　　（c）

图 4-7　錾子的握法

图 4-8　錾削操作姿势

3．手锤的使用

（1）握锤方法有紧握法和松握法。

紧握时，握锤的手放在锤柄上，漏出锤柄尾端 20～25mm，五指自然弯曲握紧锤柄，虎口和锤头一致。紧握法手锤控制比较稳定，手腕转动角度小，但易疲劳，宜用于锤击力较小或精加工的錾削操作。

松握时大拇指扣在食指上握住锤柄，挥锤时小拇指、无名指和中指依次放松，敲击时五指握紧锤柄。松握法手腕转动角度大，手不易疲劳，锤击力大，适用于较大力量的粗加工錾削和錾断操作。

握锤方法如图 4-9 所示。

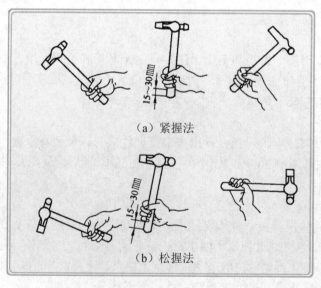

（a）紧握法

（b）松握法

图 4-9　握锤方法

（2）挥锤方法有腕挥、肘挥和臂挥。

腕挥时，紧握手锤，仅用手腕转动的动作挥锤，锤击力较小，该方法一般用于錾削的开始和结尾，或精加工的錾削操作。

肘挥时，松握手锤，利用手腕和肘部一起挥锤，挥动幅度大，锤头运动轨迹长，锤击力大，该方法应用广泛。

臂挥时，松握手锤，利用手腕、肘和臂一起挥锤，挥动幅度最大，锤头运动轨迹最长，锤击力最大。臂挥法用于需要大力錾削的工件，但錾削同时会对工件带来一定的加工缺陷或损坏，切削操作稳定性较差，目前已较少使用。

挥锤方法如图 4-10 所示。

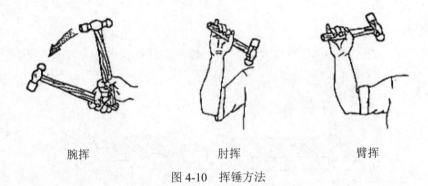

腕挥　　　　　　　　　　肘挥　　　　　　　　　　臂挥

图 4-10　挥锤方法

（3）錾削速度。

錾削时，一般腕挥约为 50 次/分钟，肘挥约为 40 次/分钟，否则易疲劳，锤击动作要稳（姿势动作稳）、准（敲击点准确）、巧（锤击力量用巧劲）。

4. 錾削平面的方法

錾削平面时使用扁錾，每次錾削量为 0.2～0.5mm。

（1）起錾方法。

錾削平面时应采用斜角起錾的方法，如图 4-11 所示。

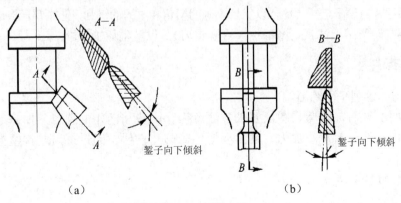

（a）　　　　　　　　　　　　　　　（b）

图 4-11　起錾方法

（2）终錾方法。

当錾削快到工件尽头的 10～15mm 时，为防止崩裂，必须调头重新起錾，如图 4-12 所示。

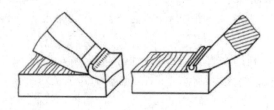

图 4-12　终錾方法

（3）錾削大平面的方法。

先用尖錾开出工艺槽，再用扁錾将凸起部分錾平。这样做既便于控制尺寸精度，又可使錾削省力，如图 4-13 所示。

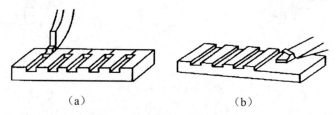

（a）　　　　　　　　　　（b）

图 4-13　錾削大平面的方法

5. 錾削操作安全注意事项

（1）为防止锤头飞出，要经常检查木柄是否松动或损坏，以便及时进行调整或更换。

（2）操作者不准戴手套，木柄上不能有油等，以防手锤滑出伤人。

（3）要及时磨掉錾子头部的毛刺，以防毛刺划手。

（4）錾子头部不应淬得太硬，以防敲碎伤手。

（5）在錾削过程中，为防止切屑飞出伤人，操作者应带防护眼镜，工作地周围应设安全网。

（6）要经常对錾子进行刃磨，以保持正确的楔角和錾刃的锋利，防止錾子滑出工件伤人。

（7）錾削时眼睛要注视切削部位（目视錾刃），以防錾坏工件。

【实际操作】

作业练习：錾削平面练习。

用扁錾加工平面，以满足图纸要求，注意操作姿势和动作的练习，挥锤敲击錾子时，应先练会动作，熟练后逐渐加力，精力要集中，防止伤手，通过练习掌握錾削平面的基本方法。

练习图纸如图 4-14 所示。

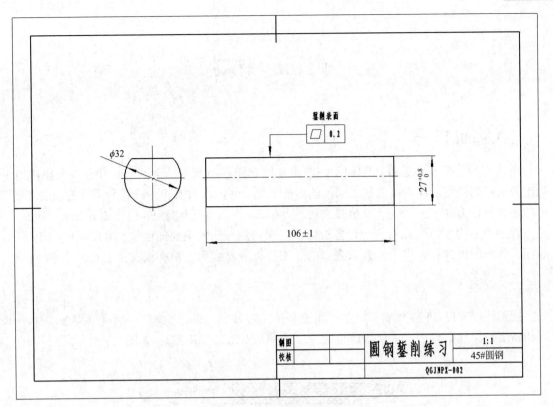

图 4-14　圆钢錾削练习零件图

项目五　锉削

【工艺知识】

用锉刀对工件表面进行切削加工，使工件达到图样所要求的形状、尺寸和表面粗糙度的加工方法称为锉削。锉削可以加工工件的内外平面、曲面、沟槽和各种复杂形状的表面，是钳工的主要操作方法之一。锉削精度最高可达 0.01mm，表面粗糙度 Ra 值可达 0.8μm。

锉削的应用在现代化生产和设备检修工作中仍然有非常重要的地位，其广泛应用于平面、曲面、外表面、内孔、沟槽、复杂表面的加工，以及锉配键、做样板、去毛刺、倒角等操作。

一、锉刀

锉刀使用 T12、T13 钢材，可根据用途和加工零件部位的形状加工成不同的断面形状、长度和粗细，经热处理后，其切削部分的硬度达到 HRC62～HRC72，如图 5-1 所示。

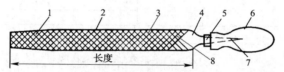

1—锉刀面；2—锉刀边；3—底齿；4—锉刀尾；5—铁箍；6—锉刀柄；7—锉刀舌；8—面齿

图 5-1　锉刀

锉刀的构造由锉刀面、锉刀边、底齿、面齿、锉刀尾、铁箍、锉刀柄和锉刀舌组成。锉齿是锉刀用以切削的齿型，有铣齿和剁齿两种，铣齿锉刀切削刃锋利。锉纹有单齿纹和双齿纹两种，双齿纹锉刀分屑能力好，切削效果好，排屑顺畅，切削效率高。锉刀柄有木柄和玻璃纤维柄两种：木柄吸汗效果好，但易产生裂纹；玻璃纤维柄不易损坏，经久耐用。

1. 锉刀的种类

（1）锉刀按用途分为普通钳工锉、异形锉和整形锉。

普通钳工锉按其断面的形状分为扁（平）锉、方锉、三角锉、圆锉、半圆锉五种，用于加工各种表面，加工范围广泛，如图 5-2 所示。

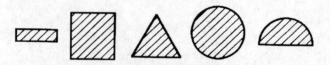

图 5-2　普通钳工锉的不同断面

异形锉按锉刀断面的形状分为刀口锉、菱形锉、扁三角锉、椭圆锉、圆肚锉、梯形锉等，用于不同型腔的精细加工和零件特殊表面的加工。

整形锉又称什锦锉或组锉，是由普通钳工锉和异形锉组成的成组锉刀，通常由 5 把、10 把、

16 把等为一组，用于对机械、模具、电器和仪表等零件进行整形加工，修理细小部位的尺寸、形位精度和表面粗糙度，如图 5-3 所示。

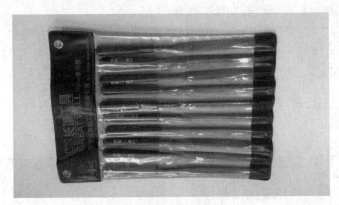

图 5-3　整形锉

（2）锉刀的规格分为尺寸规格和粗细规格。

尺寸规格：圆锉刀的尺寸规格以直径来表示；方锉刀的尺寸规格以方形尺寸来表示；其他锉刀则以锉身长度来表示其尺寸规格，常用的尺寸规格有 100mm、125mm、150mm、200mm、250mm、300mm、350mm。

粗细规格：每 10mm 内的主锉纹条数。起主要锉削作用的齿纹称为主锉纹（深），起分屑作用的齿纹称为辅锉纹（浅）。

2. 锉刀的选择

（1）粗细规格的选择。

加工余量尺寸为 0.5～1mm、尺寸精度为 0.2～0.5mm、表面粗糙度为 100～25μm、工件硬度较软的材料，宜选用粗齿锉刀；加工余量尺寸为 0.05～0.2mm、尺寸精度为 0.01～0.05mm、表面粗糙度为 6.3～3.2μm、工件硬度较硬的材料，宜选用细齿锉刀。

（2）尺寸规格的选择。

根据加工表面的大小来选用不同长短的锉刀。

（3）工件表面形状的选择。

根据工件加工部位的形状来选择锉刀断面的形状。

二、锉削操作方法

1. 锉削准备工作

（1）工件装夹。

工件装夹在台虎钳的钳口中间，略高于钳口约 15mm，夹持已加工表面时垫以铜片或软钳口，易变形工件使用辅助材料装夹。要将工件夹持牢固，但不能使工件变形。

（2）选择锉刀。

根据工件的加工部位、尺寸精度、加工余量、面积大小等选择锉刀，检查锉刀柄是否完好、安装牢固且无裂纹。

（3）工件划线。

根据图纸要求，分析计算加工尺寸线，利用划线工具划出加工尺寸界限。

2. 锉刀的握法

熟练把握操作的动作要领是做好工作的前提和保证，正确握持锉刀，才能熟练地操作锉刀，加工出满意的效果，有效地提高加工质量。

锉刀的长度不同，有不同的握法，常用的双手握锉方法如图 5-4 所示。通常用右手握锉，将锉刀手柄抵入掌心并用五指自然弯曲握住，大拇指在正上方，左手在锉刀前部压住或掰住锉刀，以操作者肩部为轴，手推锉刀前后移动，锉刀、手、腕、小臂、肘、大臂均在一个垂直平面内。

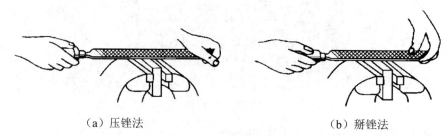

（a）压锉法　　　　　　　　　　　　　　　（b）掰锉法

图 5-4　压锉法和掰锉法

3. 锉削的操作姿势

锉削的操作姿势与锯割时的操作姿势基本相同，身体运动要协调一致。

4. 推锉施力方法

在保持锉刀平直运动的同时，使得锉刀对工件施加的作用力合力相等。通过腿部弯曲，身体重心前移，施加的作用力通过双手传递到锉刀上，双手要不断地调节压力和推力，以保持锉刀水平运动，后手负责推压，前手负责引导锉削的运动方向和向下压力，速度控制在每分钟 30～60 次，如图 5-5 所示。

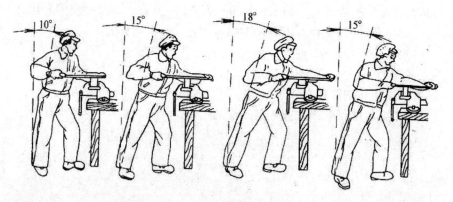

图 5-5　锉削的施力方法

5. 锉削方法

（1）平面的锉法。

1）顺向锉：锉刀的运动方向与工件的夹持方向始终一致。顺向锉的锉纹整齐，顺向一致，适用于精加工和窄长面加工。

2）交叉锉：从两个交叉的方向推锉刀。锉刀与工件的接触面大，锉刀容易掌握平稳。交叉锉只适用于粗锉，精加工时要改用顺向锉。

3）推锉：两手对称地握住锉刀，两大拇指均衡地用力。推锉不能充分发挥手的推力，效率不高，常用于加工余量较小的工件和狭长平面的尺寸修正，如图 5-6 所示。

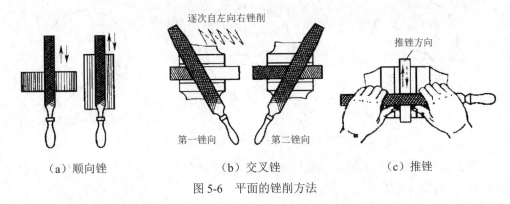

（a）顺向锉　　　　　　　　　（b）交叉锉　　　　　　　（c）推锉

图 5-6　平面的锉削方法

平面锉削要领如下：

1）一般情况下，每个平面加工通过划线、锯割和锉削完成，划线确定了加工界限，加工余量大于 2mm 时可用锯割操作，给锉削留 0.5mm 的加工余量。锉削分为粗锉、细锉和精锉，通过粗锉去除表面的加工缺陷，快速加工到线（保留线条），留 0.3mm 的加工余量，转入细加工，进一步消除加工缺陷，提高加工精度，给精加工留 0.1mm 的加工余量，并正确使用量具和测量方法进行测量，最后进行精加工，在去除余量的同时，达到尺寸和形位公差要求的最佳状态，要求锉削操作要稳、准、巧，因此，精加工是保证加工质量最重要的环节。

2）平面锉削的加工质量，关系到外形有基准面的工件的整体质量。如果外形基准面的加工误差超过要求，就无法利用基准进行检测。

3）正确的操作姿势和动作是加工的前提，正确合理地选择锉刀有利于加工的顺利进行，正确选择量具和测量方法是保证加工质量的必备条件，但关键还是操作者起决定性作用，在加工时保持正确心态，不要紧张，按工艺分步完成。

（2）曲面的锉法。

1）在对外圆弧表面进行加工时选用扁锉刀锉削，容易发挥锉削作用，对着圆弧面锉能较快地锉成近似圆弧的多边形，适用于加工余量较大的粗加工。精加工时改用顺着圆弧面锉的方法，如图 5-7 所示。

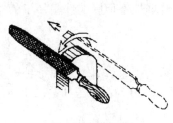　

（a）对着圆弧面锉　　　　　　　　　　　（b）顺着圆弧面锉

图 5-7　外圆弧表面的锉削方法

2）内圆弧表面的加工可使用的锉刀有圆锉刀、半圆锉刀和椭圆锉刀等，锉刀要同时完成三个运动：向前推锉运动、绕锉刀中心线转动和随圆弧表面向左或向右移动，如图 5-8 所示。

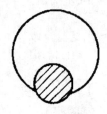
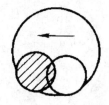
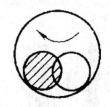

（a）向前推锉运动　　　（b）绕锉刀中心线转动　　（c）随圆弧表面向左或向右移动

图 5-8　内圆弧面表面的锉削方法

3）球面的锉削可选用扁锉，在推锉的同时使锉刀围绕球面中心点不断旋转加工，直到达到要求为止，如图 5-9 所示。

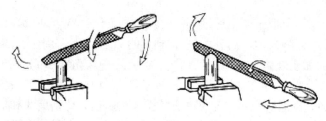

图 5-9　球面的锉削方法

（3）平面与曲面连接处的锉法。

一般情况下，在加工平面与外圆弧曲面的连接处时，先加工平面，后加工曲面；在加工平面与内圆弧曲面的连接处时，先加工曲面，后加工平面，这样加工出的过渡位置比较圆滑。

加工时，注意锉刀的推动方向，防止碰伤相邻表面。

三、锉配

1. 锉配工艺技能

锉配是利用锉削加工使两个或两个以上的零件达到一定配合精度要求的加工方法。因为在加工过程中零件的外表面易加工和测量，且容易保证零件的加工精度，所以锉配时通常先锉好配合工件中的外表面零件，然后以该零件为标准锉配内表面零件，使之达到配合精度要求。

锉配工艺即锉配步骤、锉削工序的排列顺序，其合理性不但影响锉削加工的难易程度，而且决定着两工件配合精度的高低。

2. 锉配工艺的制定

根据零件的经济精度和表面粗糙度来确定锉配工艺。一般情况下按照基轴制来安排两工件的加工顺序，把"轴类"工件作为配件基准件先加工，并分为粗加工和精加工工序，以保证工件精度，特殊情况下可以采用基孔制加工。

根据轴类零件和孔类零件的包容形式，可将设备零件的配合分为全封闭配合、开放配合和半封闭配合；根据配合间隙的大小，可将零件的配合分为间隙配合、过盈配合和过渡配合。根据加工形式可将零件的配合分为试配、盲配和互配。

拟定工艺路线时应考虑以下问题：

（1）基准件和非基准件的确定顺序，要先基准件，后非基准件。

（2）零件表面的加工顺序和加工方法，必须在保证零件达到图样要求的前提下，根据每个表面的技术要求确定。先基准面，后其他面；先外表面，后内表面；如有多个基准面，则按照逐步提高精度的原则确定基准面的转换顺序。

（3）加工工序的确定：先粗后精，先主后次。

（4）如以孔的中心线为基准，则先孔后面。

3. 锉配操作过程

锉配操作要求具备划线、锯割、锉削、钻孔、测量等多方面的技能，是一个综合性较强的钳工技能。锉配前要对图纸分析得透彻清楚，明确尺寸公差范围、形位公差范围和配合间隙，计算工艺尺寸，编排工艺步骤，准备相关工量刃具和设备；锉配中综合利用钳工基本技能，合理选择工量刃具和设备，正确操作加工和测量，稳准有度，有效控制并减小加工误差，清角干净、互换配合间隙均匀，使配合件满足加工质量要求。如图 5-10 所示，对工字形凹凸配合件进行加工时应先加工凸件（件 1），再加工凹件（件 2）。

在加工凸件时，为保持其关于中心的对称性，应分别去除余料进行加工，利用外形表面进行测量，易保证尺寸公差和形位公差不超范围，精加工尺寸控制到尺寸上限 40mm+0.02mm 和 20mm+0.02mm。综合检测后，精修至公差中间值，即尺寸上限为 40mm+0.01mm 和 20mm+0.01mm。再以凸件为基准，加工凹件时，作同样要求，尺寸下限为 40mm-0.01mm 和 20mm-0.01mm。留 0.02mm 加工余量试配，各表面平面度、与大平面垂直度均须达到最佳状态。

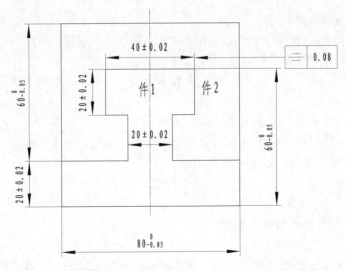

技术要求：

1. 件 2 根据件 1 配作，配合后互换间隙 ≤ 0.05mm。

2. 配合处锐角允许倒角 0.1 × 45°。

图 5-10　工字形凹凸配合

4. 影响锉配精度的因素

影响锉配精度的因素主要有尺寸误差、形位误差、工件材质、加工变形和测量误差。

（1）尺寸误差。工件在加工中出现不同尺寸时，互换或转位就会产生间隙过大或配合不上等问题，需修整后才能配合，再次互换或转位会产生更大的配合间隙。

（2）形位误差。工件在加工中产生的平面度误差、垂直度误差、平行度误差、倾斜度误差等，在配合中都会影响配合精度。

（3）工件材质。工作中根据对设备材料的要求，选择相应的金属材料进行加工，金属材料材质有软有硬。材质较软，容易加工，一般切削工具就可完成加工；材料较硬，特别是经热处理调质、淬火后的工件，其强度、硬度等各项性能指标均有大幅提高，故加工难度相应增大，需经回火后再进行加工，如材料中有杂质就会损坏刀具。因此，加工前应根据材料合理地选择锯割、锉削等工具。

（4）加工变形。无论哪种材料在加工中都会产生切削热，同时受材料应力影响而产生变形，通常在加工中通过控制切削热和消除应力（去除余料部位的锯缝）的做法来控制变形。

（5）测量误差。钳工的测量工作贯穿于整个加工过程中，测量是关键环节之一。测量误差的大小直接影响工件的加工精度，应尽量减少人为误差的产生，通过控制和减小测量误差来保证工件的加工精度。

严格控制加工误差，将其控制在最小范围内，是保证配合工件精度最关键的因素。

四、锉刀的使用与保养

（1）新锉刀要先使用一面，用钝后再使用另一面。

（2）在粗锉时，应充分使用锉刀的有效全长，这样既可提高锉削效率，又可避免锉齿局部磨损。

（3）锉刀上不能沾油和水。

（4）如锉屑嵌入齿缝内，必须及时用钢丝刷沿着锉齿的纹路进行清除。

（5）不能锉毛坯的硬皮及经过淬硬的工件。

（6）铸件表面如有硬皮，应先用砂轮磨去或用旧锉刀和锉刀的有齿侧边将其锉去，然后再进行正常的锉削加工。

（7）锉刀使用完毕必须清刷干净，以免生锈。

（8）无论是在使用过程中还是放入工具箱内，都不能与其他工具或工件放在一起，也不能与其他锉刀相互重叠堆放，以免损坏锉齿。

【实际操作】

作业练习一：四方体（锤坯）锉削练习。

在錾削练习件加工的基础上进一步加工练习，使用锉削方法加工以达到图 5-11 所示的要求。锉削时选择扁锉，正确握持锉刀，按照顺向锉削方法进行练习，保持正确的操作姿势和动作，注意调整双手的力度来保持锉刀的水平切削运动，练习到操作动作协调；熟练后再练习交叉锉削方法，练习时要注意观察锉削表面的交叉纹路，从而判断加工表面的状态，配合测量及时调整锉削部位，提高锉削质量。

1. 工艺分析

通过对图 5-11 进行分析可知，该练习是在錾削练习的基础上，用锉削方法完成四方体的精加工，并且达到图样的要求和尺寸。为了使锉削时有明确的加工界限，必须先进行划线，通过检测确定加工余量，再根据要求将加工过程分为粗加工、细加工和精加工三个阶段，不断提高加工精度。

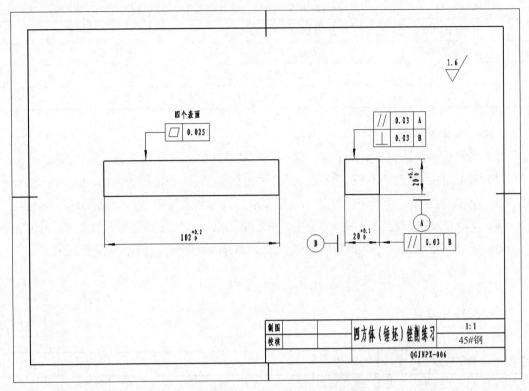

图 5-11　四方体（锤坯）锉削练习零件图

一般锉削加工时要先加工一个基准面，利用划线工具 V 形铁定位圆钢，用高度尺在其表面进行划线、加工、测量、再加工、再测量，直到达到平面度的要求，基准面加工完成；再加工相邻的垂直面（第二个基准面），直至加工达到平面度和垂直度的要求。以此为基准加工其他表面时，可方便测量并获得其准确的数值，以达到尺寸公差和形位公差的要求。

练习时，要学会使用游标卡尺、直角尺和刀口尺等常用量具进行测量，掌握测量方法，分析加工误差，指导下一步加工以达到图样的要求。

2. 工量刃具准备

在进行锉削操作前，必须根据零件的加工要求准备必要的工量刃具，工量刃具清单如表5-1 所示。

表 5-1　工量刃具清单

序号	名称	规格精度	数量	备注
1	游标卡尺	150mm　0.02mm　0 级	1 把	
2	刀口尺	125mm　0 级	1 把	
3	直角尺	125mm×80mm　0 级	1 把	
4	塞尺	100mm　0.02mm	1 把	
5	平锉刀	12 英寸　中齿	1 把	

序号	名称	规格精度	数量	备注
6	平锉刀	10 英寸　细齿	1 把	
7	划线平板	400mm×300mm	1 块	
8	游标高度尺	300mm　0.02mm　0 级	1 把	
9	V 形铁	100mm×120mm×30mm	1 块	
10	毛刷	50mm	1 把	

3. 操作步骤及要求

（1）基准面 A：达到平面度要求，同时到圆柱毛坯表面尺寸为 26mm±0.2mm。

（2）基准面 B：达到平面度、垂直度要求，同时到圆柱毛坯表面素线尺寸为 26mm±0.2mm。

（3）基准对面 A′：达到平面度、平行度要求，同时到基准面 A 尺寸为 20mm+0.1mm。

（4）基准对面 B′：达到平面度、垂直度、平行度要求，同时到基准面 B 尺寸为 20mm+0.1mm。

（5）综合测量结果，进一步精修 A′和 B′面，减小形位误差，尺寸不小于 20mm。

（6）去除毛刺。

4. 评分表

评分表如表 5-2 所示。

表 5-2　评分表

序号	检测项目及标准	配分	检测结果	得分	备注
1	尺寸 $20_0^{+0.1}$ mm	15×2			
2	尺寸 $102_0^{+0.2}$ mm	10			
3	平面度 0.025mm	5×4			
4	垂直度 0.03mm	10			
5	平行度 0.03mm	20			
6	安全文明操作	10			

作业练习二：锉削六边形板。

锉削六边形板，掌握角度的加工方法和测量方法，掌握一般零件的加工工艺。

零件图如图 5-12 所示。

毛坯尺寸：62mm×62mm×10mm。材料：Q235 钢。数量：2 块。

1. 工艺分析

该工件加工要求对边尺寸公差为 52mm±0.06mm，相邻面角度为 120°±4′，且有形位公差要求，要满足加工要求，必须严格按加工工艺步骤进行加工。

2. 工量刃具准备

在进行锉削操作前，必须根据零件加工要求将必要的工量刃具准备就绪，工量刃具清单如表 5-3 所示。

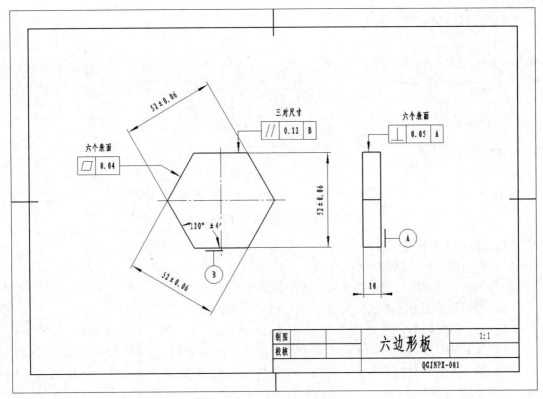

图 5-12　六边形板零件图

表 5-3　工量刃具清单

序号	名称	规格精度	数量	备注
1	游标卡尺	150mm　0.02mm　0级	1把	
2	刀口尺	125mm　0级	1把	
3	万能角度尺	0°～320°　0级	1把	
4	直角尺	125mm×80mm　0级	1把	
5	塞尺	100mm　0.02mm	1把	
6	平锉刀	12英寸　中齿	1把	
7	平锉刀	10英寸　细齿	1把	
8	划线平板	400mm×300mm	1块	
9	游标高度尺	300mm　0.02mm　0级	1把	
10	V形铁	100mm×120mm×30mm	1块	
11	毛刷	50mm	1把	

3. 操作步骤及要求

　　一般零件的加工工艺步骤：毛坯测量→划线→确定加工部位和加工方法→确定加工余量
→分步加工和测量→检测是否符合要求。

六边形板加工步骤如图 5-13 所示。

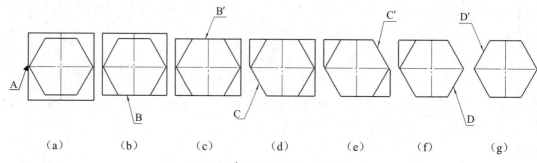

图 5-13　六边形板加工步骤

六边形板加工要求如下：

（1）毛坯板清理、测量、涂色。

（2）立体划线方法划出中心线和六边形板的加工界限并检查。

（3）加工基准面 B，达到平面度、与 A 面垂直度要求。

（4）加工基准面 B′，达到尺寸公差 52mm±0.06mm、平面度、与 A 面垂直度要求。

（5）加工基准面 B 的邻面 C，达到平面度、与 B 面夹角 120°±4′、与 A 面垂直度要求。

（6）加工基准面 B′的邻面 C′，达到尺寸公差 52mm±0.06mm、平面度、与 B 面夹角 60°±4′、与 A 面垂直度要求。

（7）加工基准面 B 的邻面 D，达到平面度、与 B 面夹角 120°±4′、与 A 面垂直度要求。

（8）加工基准面 B′的邻面 D′，达到尺寸公差 52mm±0.06mm、平面度、与 B 面夹角 60°±4′、与 A 面垂直度要求。

（9）清除棱边毛刺。

4．评分表

评分表如表 5-4 所示。

表 5-4　评分表

序号	检测项目及标准	配分	检测结果	得分	备注
1	尺寸公差 52mm±0.06mm	10×3			
2	夹角 120°±4′	5×6			
3	平面度 0.04mm	2×6			
4	垂直度 0.05mm	2×6			
5	平行度 0.12mm	3×2			
6	安全文明操作	10			

作业练习三：凹凸体配合。

加工图 5-14 所示工件，掌握具有对称度要求工件的划线，学会正确使用和保养千分尺，掌握具有对称度要求工件的加工和测量方法。

零件图如图 5-14 所示。

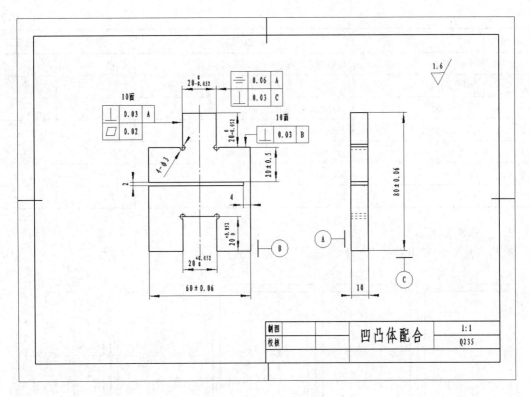

图 5-14　凹凸体配合零件图

1.　工艺分析

该工件为典型配合件，凸件配合部位基本尺寸为 20mm，公差范围为-0.052～0mm；凹件配合部位基本尺寸为 20mm，公差范围为 0～+0.052mm。其外形为基准面，且尺寸为 60mm±0.06mm 和 80mm±0.06mm，配合转角处有 4 个直径为 3mm 的工艺孔。该配合为间隙配合，最大间隙不超过 0.1mm。

2.　工量刃具准备

在进行锉配操作前，必须根据零件的加工要求将必要的工量刃具准备就绪，工量刃具清单如表 5-5 所示。

表 5-5　工量刃具清单

序号	名称	规格精度	数量	备注
1	游标卡尺	150mm　0.02mm　0 级	1 把	
2	千分尺	0～25mm、25～50mm、50～75mm	各 1 把	
3	刀口尺	125mm　0 级	1 把	
4	直角尺	125mm×80mm　0 级	1 把	
5	塞尺	100mm　0.02mm	1 把	
6	手锯	300mm	1 把	
7	平锉刀	12 英寸　中齿	1 把	
8	平锉刀	10 英寸　细齿	1 把	

续表

序号	名称	规格精度	数量	备注
9	平锉刀	6 英寸　细齿	1 把	
10	方锉刀	8 英寸　中齿	1 把	
11	划线平板	400mm×300mm	1 块	
12	游标高度尺	300mm　0.02mm　0 级	1 把	
13	V 形铁	100mm×120mm×30mm	1 块	
14	毛刷	50mm	1 把	
15	钻头	$\phi3$	1 支	

3. 步骤及要求

凹凸体配合加工步骤如图 5-15 所示。

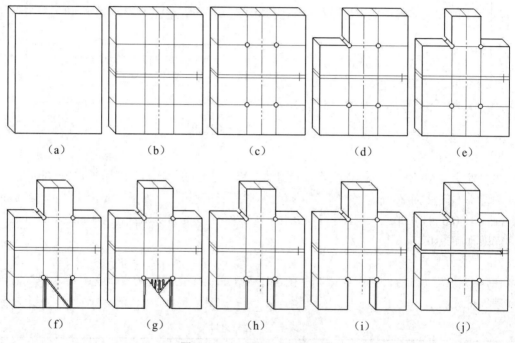

图 5-15　凹凸体配合加工步骤

凹凸体配合加工要求如下：

（1）毛坯板清理、测量、涂色。

（2）加工外形轮廓基准面达到平面度、尺寸 60mm±0.06mm 和 80mm±0.06mm、与 A 面垂直度要求，如图 5-15（a）所示。

（3）用立体划线方法划出中心线和凹凸形状加工界限，检查无误后，在工艺孔处打样冲，如图 5-15（b）所示。

（4）钻 $\phi3$ 工艺孔，如图 5-15（c）所示。

（5）锯割去除余料，加工凸件一边的垂直角，锯割后留 0.5～0.8mm 锉削余量，粗锉、细锉、精锉加工达到要求尺寸，通过另一边（未锯割）测量获得，修磨锉刀侧边，以防锉伤相邻面，如图 5-15（d）所示。

（6）锯割去除余料，加工凸件另一边的垂直角，锉削要求同第（5）步，测量出第（5）步中的加工尺寸作为间接测量基准，或用高度尺来测量，如图 5-15（e）所示。

（7）锯割去除余料，加工凹件，如图 5-15（f）和图 5-15（g）所示。

（8）锉削凹槽底平面，达到尺寸公差和形位公差要求，如图 5-15（h）所示。

（9）分别锉削凹槽两侧面，达到尺寸公差和对称度要求，如图 5-15（i）和图 5-15（j）所示。

（10）按要求留 4mm 加工余量，在 2mm 锯缝线内锯割，不得过线，锐角倒钝。

4. 评分表

评分表如表 5-6 所示。

表 5-6　评分表

序号	检测项目及标准	配分	检测结果	得分	备注
1	尺寸公差 60mm±0.06mm	4			
2	尺寸公差 80mm±0.06mm	4			
3	尺寸 $20_{-0.052}^{0}$ mm	5×3			
4	尺寸 $20_{0}^{+0.052}$ mm	5×2			
5	尺寸公差 20mm±0.5mm	2			
6	⚏ 0.06 A	5×2			
7	▱ 0.02	1×10			
8	⊥ 0.03	1×10			
9	配合间隙＜0.1mm	2×10			
10	表面粗糙度 Ra1.6μm	1×10			
11	安全文明操作	10			

项目六　钻孔、扩孔、铰孔

【工艺知识】

钻孔是指用钻头在实体材料上加工出孔，它是利用钻床和钻孔工具（钻头、扩孔钻、铰刀等）加工完成的。由于钻头的刚性和精度较差，因此钻孔加工的精度不高，一般在 IT10 以下，表面粗糙度 Ra 为 12.5～50μm，所以只能用来加工精度要求不高的孔或作为孔的粗加工。钻孔加工方法如图 6-1 所示。

图 6-1　钻孔

一、钻孔

钻孔时，钻头与工件之间的相对运动称为钻削运动。钻削运动由如下两种运动构成：

（1）主运动：钻孔时，钻头装在钻床主轴（或其他机械）上所做的旋转运动。

（2）进给运动：钻头沿轴线方向的移动。

钻削时，钻头是在半封闭的状态下进行切削的，转速高，切削用量大，排屑又很困难，因此钻削具有如下特点：

（1）摩擦较严重，需要较大的钻削力。

（2）产生的热量多，而传热、散热困难，因此切削温度较高。

（3）钻头高速旋转以及由此而产生的较高切削温度，易造成钻头严重磨损。

（4）钻削时的挤压和摩擦容易产生孔壁的冷作硬化现象，给下道工序加工增加困难。

（5）钻头细而长、刚性差，钻削时容易产生振动及引偏。

（6）加工精度低，尺寸精度只能达到 IT10～IT11，表面粗糙度值 Ra 只能达到 25～100μm。

1. 钻孔设备

常用的钻孔设备有台式钻床、立式钻床和摇臂钻床三种，手电钻和磁力钻也是常用的钻孔机具。

（1）台式钻床。

台式钻床简称"台钻"，是一种在工作台上使用的小型钻床，加工孔径小于 16mm。由于加工的孔径较小，故台钻的主轴转速一般较高，最高转速可达近万转每分钟，最低转速亦约 400r/min。主轴的转速可通过改变三角胶带在带轮上的位置来调节。台钻的主轴进给由转动进给手柄实现。在进行钻孔前，需根据工件的高低调整好工作台与主轴架间的距离，并锁紧固定。台钻小巧灵活，使用方便，结构简单，主要用于加工小型工件上的各种小孔。它在钳工加工和装配维修中用得较多，如图 6-2 所示。

图 6-2　台式钻床

（2）立式钻床。

立式钻床简称"立钻"，这类钻床的规格用最大钻孔直径表示，可加工 40mm 以下的孔。与台钻相比，立钻刚性好、功率大，因而可钻削较大的孔，生产率较高，加工精度也较高。立钻适用于单件或小批量生产中加工中小型零件，如图 6-3 所示。

图 6-3　立式钻床

（3）摇臂钻床。

摇臂钻床有一个能绕立柱旋转的摇臂，摇臂可带着主轴箱沿立柱垂直移动，同时主轴箱也能在摇臂上做横向移动，因此操作时能很方便地调整刀具的位置，以对准被加工孔的中心，而不需移动工件来进行加工。摇臂钻床适用于一些笨重的大工件以及多孔工件的加工，如图6-4所示。

图 6-4　摇臂钻床

（4）手电钻。

手电钻是以交流电源或直流电池为动力的钻孔工具，是手持移动式电动工具的一种。手电钻可加工 12mm 以下的小孔，使用方便，如图 6-5 所示。

图 6-5　手电钻

（5）磁力钻。

磁力钻是一种吸附在钢结构上对其进行精确钻孔、攻丝、铰孔的金属加工工具。磁力钻主要分为两部分：钻削部分主要通过高速运转的钻头对钢结构钻孔、攻丝或者绞孔；吸附钢结构部分（磁力钻底座部分）在通电后，通过变化的电流产生磁场，牢牢吸附在钢结构上，以保证磁力钻不移动。磁力钻主要应用在大型设备维修、室外作业和高空作业中对孔加工精度要求较高的场所，如图 6-6 所示。

2. 麻花钻头

麻花钻头是钻孔用的刀削工具，常用高速钢和硬质合金制造，工作部分经热处理淬硬至 HRC 62～65HRC，如图 6-7 所示。

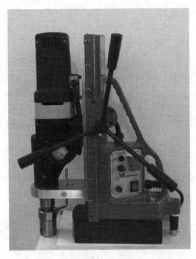

图 6-6 磁力钻

图 6-7 麻花钻头

（1）麻花钻头由柄部、颈部及工作部分所组成。

1）柄部：钻头的夹持部分，起传递动力的作用。柄部有直柄和锥柄两种：直柄传递扭矩较小，一般用于直径小于 12mm 的钻头；锥柄可传递较大扭矩（主要是靠柄的扁尾部分），用于直径大于 12mm 的钻头。

2）颈部：磨制钻头时供砂轮退刀用，钻头的规格、材料和商标一般刻印在颈部。

3）工作部分：包括导向部分和切削部分。

导向部分有两条狭长、螺纹形状的刃带（棱边亦即副切削刃）和螺旋槽。棱边的作用是引导钻头和修光孔壁；两条对称螺旋槽的作用是排除切屑和输送切削液（冷却液）。

切削部分由五刃（两条主切削刃、两条副切削刃和一条横刃）和六面（两个前刀面、两个后刀面和两个副后刀面）组成。两条主切削刃之间的夹角通常为 118°±2°，称为顶角，如图 6-8 所示。

（2）标准麻花钻头的切削角度。

标准麻花钻头的切削角度包括前角、后角、顶角、横刃斜角和螺旋角，如图 6-9 所示。

1）前角 γ_0：前刀面与基面之间的夹角称为前角，主切削刃上各点前角的大小是不相等的。接近外缘处的前角最大，一般为 30°左右；自外缘向中心前角逐渐减小，在钻心 $D/3$ 范围内为负值；接近横刃处的前角 $\gamma_0 = -30°$。前角大小与螺旋角有关（横刃处除外），螺旋角越大，前角越大。

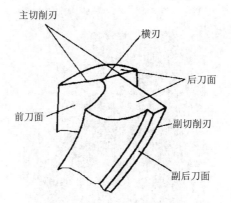

图 6-8　钻头的切削部分

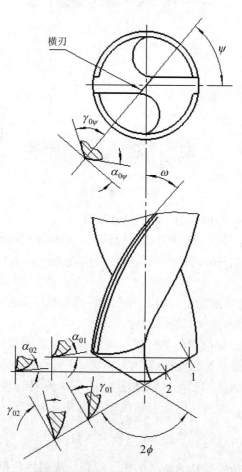

图 6-9　标准麻花钻头的切削角度

前角大小决定了切除材料的难易程度和切屑在前刀面上的摩擦阻力大小。前角越大，切削越省力。

2）后角 α_0：后刀面与切削平面之间的夹角称为后角。主切削刃上各点的后角是不相等的，越接近外缘处后角较小，越接近钻心处后角越大。一般麻花钻头外缘处的后角按钻头直径的大

小可划分如下:

$D<15mm$,$\alpha_0=10°\sim14°$;$D=15\sim30mm$,$\alpha_0=9°\sim12°$;$D>30mm$,$\alpha_0=8°\sim11°$。钻心处的后角 $\alpha_0=20°\sim26°$,横刃处的后角 $\alpha_0=30°\sim36°$。

钻削硬材料时为了保证刀刃强度,后角应适当小些;钻削软材料时后角可适当大些,但钻削有色金属材料时后角不能太大。

3)顶角 2ϕ:麻花钻头的顶角又称锋角或钻尖角,它是两主切削刃之间的夹角。标准麻花钻头的顶角 $2\phi=118°\pm2°$,这时两主切削刃呈直线形。

若 $2\phi>118°$,则主切削刃呈内凹形。

若 $2\phi<118°$,则主切削刃呈外凸形。

4)横刃斜角 ψ:横刃与主切削刃在钻头端面内的投影之间的夹角称为横刃斜角,它是在刃磨钻头时自然形成的,其大小与后角和顶角的大小有关。标准麻花钻头 $\psi=50°\sim55°$。当后角磨得偏大时,横刃斜角就会减小,而横刃的长度会增大。标准麻花钻头横刃的长度 $b=0.18D$。

5)螺旋角 ω:螺旋角 ω 是麻花钻头轴线和刃带切线之间的夹角。ω 越大,切削越容易。

(3)标准麻花钻头的缺点。

1)横刃较长,横刃处前角为负值,在切削中横刃处于挤刮状态,会产生很大的轴向力,容易发生抖动,定心不准。根据试验,钻削时 50% 的轴向力和 15% 的扭矩是由横刃产生的,这是钻削中产生切削热的主要原因。

2)主切削刃上各点的前角大小不一样,致使各点切削性能不同。

3)钻头的棱边较宽,副后角为零,靠近切削部分的棱边与孔壁的摩擦比较严重,容易发热和磨损。

4)主切削刃外缘处的刀尖角较小,前角很大,刀齿薄弱,而此处的切削速度却最高,故产生的切削热最多,磨损极为严重。

5)主切削刃长,而且全宽参加切削,各点切屑流出速度的大小和方向都相差很大,会增加切屑变形,所以切屑卷曲成很宽的螺旋卷,容易堵塞容屑槽,致使排屑困难。

鉴于以上问题,经过长期实践发现,可通过修磨提高钻削效率,增加钻头切削性能。

(4)标准麻花钻头的修磨。

标准麻花钻头的修磨如图 6-10 所示。

1)修磨横刃。如图 6-10(a)所示,修磨后横刃的长度为原来的 1/5~1/3,以减少轴向力和挤刮现象,提高钻头的定心作用和切削性能。

2)修磨主切削刃。如图 6-10(b)所示,修磨主切削刃主要是磨出二重顶角,以延长钻头寿命,减少孔壁的残留面积,降低孔壁的表面粗糙度值。

3)修磨棱边。如图 6-10(c)所示,在靠近主切削刃的一段棱边上磨出副后角 $\alpha_0'=6°\sim8°$,保留的棱边宽度为原来的 1/3~1/2,以减少对孔壁的摩擦,延长钻头的寿命。

4)修磨前刀面。如图 6-10(d)所示,修磨主切削刃和副切削刃交角处的前刀面,磨去一块,如图 6-10(d)中阴影部位所示,这样可提高钻头强度。钻削黄铜时,还可避免因切削刃过于锋利而引起的扎刀现象。

5)修磨分屑槽。如图 6-10(e)所示,在两个后刀面上磨出几条相互错开的分屑槽,使切屑变窄,以利于排屑。直径大于 15mm 的钻头都要磨出分屑槽。若有的钻头在制造时后刀面上已有分屑槽,那就不必再开槽。

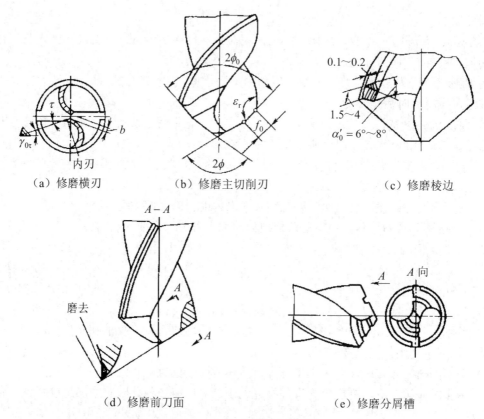

（a）修磨横刃 　　　（b）修磨主切削刃 　　　（c）修磨棱边

（d）修磨前刀面 　　　　　　（e）修磨分屑槽

图 6-10　标准麻花钻头的修磨

根据加工材料的不同，还可修磨不同几何形状的切削部分，如图 6-11 所示。

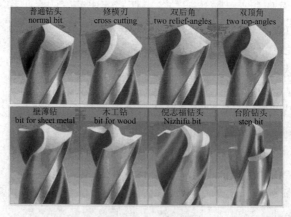

图 6-11　修磨钻头

群钻是利用标准麻花钻头合理刃磨而成的生产率和加工精度较高、适应性强、寿命长的新型钻头，主要用来钻削碳钢和各种合金钢。

3. 钻削用量及其选择

（1）钻削用量。

钻削用量包括三要素：切削速度 v_c、进给量 f 和切削深度 a_p。

切削速度 v_c：指钻削时钻头切削刃上最大直径处的线速度，可由下式计算：

$$v_c = \pi D n / 1000$$

式中：D 为钻头直径，mm；n 为钻头转速，r/min。

进给量 f：指主轴每转一圈，钻头对工件沿主轴轴线相对移动的距离，单位为 mm/r。

切削深度 a_p：指已加工表面与待加工表面之间的垂直距离，即一次走刀所能切下的金属层厚度，$a_p = D/2$，单位为 mm。

（2）钻削用量的选择。

钻削用量选择的目的，首先是在保证钻头加工精度和表面粗糙度达到要求以及保证钻头有合理的使用寿命的前提下，使生产率最高；其次是不允许超过机床的功率和机床、刀具、夹具等的强度和刚度的承受范围。

钻削时，由于切削深度已由钻头直径决定，所以只需选择切削速度和进给量。切削速度和进给量对钻孔生产率的影响是相同的。

对钻头寿命的影响，切削速度比进给量大；对孔的表面粗糙度的影响，进给量比切削速度大。

钻孔时选择钻削用量的基本原则是在允许范围内，尽量先选择较大的进给量 f，当 f 的选择受到表面粗糙度和钻头刚性的限制时，再考虑选择较大的切削速度 v_c。

切削深度的选择：直径小于 30mm 的孔一次钻出；直径为 30～80mm 的孔可分两次钻削，先用 $0.5D$～$0.7D$（D 为要求加工的孔径）的钻头钻底孔，然后用直径为 D 的钻头将孔扩大。

进给量的选择：对孔的精度要求较高且表面粗糙度值较小时，应选择较小的进给量；钻较深的孔、钻头较长以及钻头刚性和强度较差时，也应选择较小的进给量。

4. 钻孔用的夹具

钻孔用的夹具主要包括钻头夹具和工件夹具两种。

（1）钻头夹具。

常用的钻头夹具有钻夹头和钻套。

1）钻夹头：适用于装夹直柄钻头。如图 6-12 所示，钻夹头柄部是圆锥面，可与钻床主轴内孔配合安装，头部三个爪可通过紧固扳手转动使其同时张开或合拢。

图 6-12　钻夹头

2）钻套：又称过渡套筒，用于装夹锥柄钻头。钻套一端的孔安装钻头，另一端外锥面接钻床主轴内锥孔。内外锥面均为莫氏锥度，如图 6-13 所示。

图 6-13　钻套

（2）工件夹具。

常用的工件夹具有平口钳、V 形铁和压板等，如图 6-14 所示。

装夹工件要牢固可靠，但又不准将工件夹得过紧，过紧会使工件变形，影响钻孔质量（特别是薄壁工件和小工件）。

图 6-14　工件夹具

5．钻孔方法

（1）分析图样，确定钻孔的划线基准及尺寸，划出孔位置中心线。

如图 6-15 所示，钻孔前，首先应熟悉图样要求和加工好工件的基准。按钻孔的位置尺寸要求，使用高度尺划出孔位置的十字中心线，要求线条清晰准确，线条越细，精度越高。由于划线的线条总有一定的宽度，而且划线的一般精度为 0.25～0.5mm，所以划完线以后一定要使用游标卡尺或钢板尺进行检查，若划错线应重新划线，否则会直接导致加工错误。因此，要养成划完线后进行检查的好习惯。

（2）划检验方格或检验圆。

划完线并检验合格后，还应划出以孔中心线为对称中心的检验方格或检验圆，作为试钻孔时的检查线，以便钻孔时检查和借正钻孔位置。一般可以划出几个大小不一的检验方格或检验圆，小的检验方格或检验圆略大于钻头横刃，大的检验方格或检验圆略大于钻头直径，如图 6-15（c）所示。

（3）打样冲眼。

划出相应的检验方格或检验圆后应认真打样冲眼。用样冲尖沿中心线向十字中心移动，找到交叉点，先打一小点，在十字中心线的不同方向上仔细观察，样冲眼是否打在十字中心线的交叉点上，最后把样冲眼用力打正、打圆、打大，以便准确落钻定心。使钻头的横刃预先落入样冲眼的锥坑中，这样钻孔时钻头不易偏离孔的中心，这是提高钻孔位置精度的重要环节。

样冲眼打正了，就可使钻心的位置正确，钻孔一次成功；打偏了，则钻孔也会偏，所以必须借正补救，经检查孔样冲眼的位置准确无误后方可钻孔。

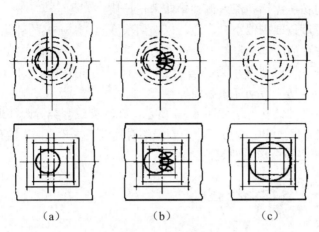

图 6-15　钻孔划线

打样冲眼找十字交点的方法：将样冲倾斜，样冲尖从十字中心线上的一侧向另一侧缓慢移动，当感觉到某一点有阻塞时，停止移动并直立样冲，会发现这一点就是十字中心线的中心。此时在这一点打出的样冲眼就是十字中心线的中心，多试几次就会发现，样冲总会在十字中心线的中心处有阻塞的感觉。

（4）装夹钻头和工件。

根据钻孔孔径的大小和工件材料，正确选用钻头的直径和材料，擦净钻柄、钻夹头或钻套，用钻夹头的齿形钥匙锁紧钻头，用手旋转钻夹头，观察钻头是否围绕中心旋转，安装是否正确。

根据工件的外形结构尺寸，合理选择夹具和定位方法，擦拭干净钻床台面、夹具表面和工件基准面，将工件夹紧，要求装夹平整、牢靠，便于观察和测量。应注意工件的装夹方式，以防工件因装夹而变形。精度要求较高的工件，装夹时应使用量具测量定位精度，以减小定位误差。

（5）试钻。

钻孔前必须先试钻：应把钻头对准钻孔的中心，然后启动主轴，待转速正常后，手摇进给手柄，慢慢地试钻，使钻头横刃对准孔中心样冲眼钻出一浅坑，然后目测该浅坑位置是否正确，并要不断纠偏，使浅坑与检验圆同轴。如果偏离较小，可在起钻的同时用力将工件向偏离的反方向推移，进行逐步校正。如果偏离过多，可以在偏离的反方向打几个样冲眼或用錾子錾出几条槽，这样做的目的是减少该部位的切削阻力，从而在切削过程中使钻头产生偏离，以调整钻头中心和孔中心的位置。试钻时先切去錾出的槽，再加深浅坑，直至浅坑与检验方格或检验圆重合后，达到修正的目的再将孔钻出。

无论采用什么方法修正偏离，都必须在锥坑外圆直径小于钻头直径时完成。如果不能完成，在条件允许的情况下，还可以在背面重新划线重复上述操作。

（6）钻孔。

钳工钻孔一般以手动进给操作为主，当试钻达到钻孔位置的精度要求后，即可进行钻孔。

手动进给时，进给力量不应使钻头产生弯曲现象，以免孔轴线歪斜。钻小直径孔或深孔时，要经常退钻排屑，以免切屑阻塞而扭断钻头；当钻出的切屑呈螺旋长条状时，应及时停止钻孔，手动进给断屑；当钻孔深度是钻孔直径的 3 倍时，一定要退钻排屑，此后每钻进一些就应退屑，并注意冷却润滑。

钻不通孔时，可按所需钻孔深度调整钻床限位挡块。

钻孔的表面粗糙度值要求很小时，还可以选用浓度为 3%～5% 的乳化液或浓度为 7% 的硫化乳化液等起润滑作用的冷却润滑液。

钻孔将要钻透时，手动进给用力必须减小，以防进给量突然过大而增大切削抗力，造成钻头折断或使工件随着钻头转动造成事故。

各种不同形状零件的钻孔方法如图 6-16 所示，在轴类或套类等圆柱形工件上钻与轴心线垂直并通过圆心的孔，当孔的中心与工件中心线的对称度要求较高时，钻孔前要在钻床主轴下安放一 V 形铁，以便将圆柱形工件定位。

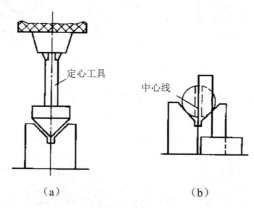

图 6-16　V 形铁定位

在斜面上钻孔时，容易产生偏斜和滑移，如图 6-17 所示，防止钻头折断的方法如下：①在斜面的钻孔处先用立铣刀铣出或用錾子錾出一个平面；②用圆弧刃多功能钻直接钻出孔。圆弧刃多功能钻是由普通麻花钻头通过手工刃磨而成的。因为它的形状是圆弧形，所以刀刃的各点半径上都有相同的后角（一般为 6°～10°）。横刃经过修磨形成了很小的钻尖，加强了定心作用，这时钻头与一把铣刀相似。

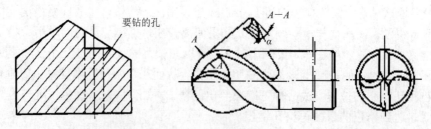

图 6-17　斜面的钻孔方法

钻半圆孔时容易产生严重的偏切削现象，根据不同的加工材料和所使用的刀具可采用如下方法：相同材料合起来钻，不同材料借料钻。如图 6-18 所示，在装配过程中，有时需在壳体（铸件）及其相配的衬套（黄铜）之间钻出骑缝螺钉孔。由于材料不同，钻孔时钻头会往软材料一边偏移，克服偏移的方法是在用样冲冲眼时使中心稍偏向硬材料，即在钻孔的开始阶段使钻头往硬材料一边借料。

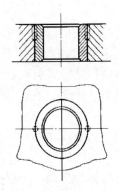

图 6-18　骑缝螺钉孔的加工

如果采用半孔钻加工，则效果较好。半孔钻是把标准麻花钻头切削部分的钻心修磨成凹凸形，以凹为主，突出两个外刀尖，使钻孔的切削表面形成凸筋，限制了钻头的偏移，因而可进行单边切削。钻孔时，宜采用低速手动进给。

（7）钻孔时的冷却和润滑。

钻孔时，由于加工零件的材料和加工要求不同，所用切削液的种类和作用就不同。钻孔一般属于粗加工，又是半封闭状态加工，摩擦严重，散热困难，加切削液的目的应以冷却为主。在高强度材料上钻孔时，因钻头前刀面承受较大的压力，要求润滑膜有足够的强度，以减少摩擦和钻削阻力，因此，可在切削液中增加硫、二硫化钼等成分，如硫化切削油。在塑性、韧性较大的材料上钻孔，要求加强润滑作用，在切削液中可加入适当的动物油和矿物油。对孔的尺寸精度和表面精度要求很高时，应选用主要起润滑作用的切削液，如菜油、猪油等。

钻各种材料的工件时切削液的选用如表 6-1 所示。

表 6-1　钻各种材料的工件时切削液的选用

工件材料	切削液（按体积分数配比）
不锈钢、耐热钢	3%肥皂加 2%亚麻油水溶液，硫化切削油
铸铁	5%～8%乳化液，煤油
有机玻璃	5%～8%乳化液，煤油
各类结构钢	3%～5%乳化液，7%硫化乳化液
纯铜、青铜、黄铜	不用，或用 5%～8%乳化液
铝合金	不用，或用 5%～8%乳化液，煤油与菜油的混合油

（8）钻孔产生废品及钻头损坏的原因。

钻孔产生废品的原因是钻头刃磨不正确、钻头或工件安装不当、切削用量选择不合适以及操作不当等。钻头损坏的原因是钻头太钝、切削用量太大、排屑不畅、工件装夹不牢固以及操作不正确等。

6. 钻孔质量的控制

钻孔质量包括孔的尺寸精度、孔的形状精度和孔的位置精度。

（1）孔的尺寸精度。

钻孔时，钻头的切削部分几何角度、切削刃长度和对称度、切削刃磨损、排屑、切削材料性能等对孔径的大小都有影响。

1）修磨钻头的切削部分几何角度时，要根据加工材料的性质选择修磨部位和角度，对称角度应一致。

2）切削刃长度要一致且对称，否则会使横刃偏移，造成钻心偏移，导致孔径偏大超差；切削刃可分段修磨，以减小切屑宽度，便于断屑，及时排除并减少对孔壁的摩擦；横刃修磨要尽量短些，也可选择无横刃合金钻头。

3）为减小切削刃磨损，应及时加入切削液，防止钻削入口端大、出口端小。

4）排屑应顺畅，沿螺旋槽呈片状、断续排出。

5）了解切削材料性能，选择合适的钻头材料、合理的切削用量。

（2）孔的形状精度。

孔的形状精度的控制与钻头刃磨、进刀量和切削热等有关。

1）钻头刃磨角度应正确，切削刃对称相等。若刃磨不好，钻薄板时易加工成三角孔。

2）进刀量不可过大，过大所产生的轴向力会使钻头产生弯曲，导致钻头钻出斜孔。

3）对加工中产生的切削热应使用切削液降温，如温度过高，会使切削刃过热而磨损甚至退火，造成孔径变小、孔壁粗糙。

（3）孔的位置精度。

钻孔的位置精度的控制，实质上就是控制钻削过程中钻头与工件的相互位置的过程。钻孔时，孔的位置调整是手工、动态控制过程，因此孔的位置精度受到划线、钻床精度、工件和钻头的装夹、钻头刃磨质量、工件位置、钻床切削用量的调整和切削热等一些不确定因素的影响，再加上要有一定的加工技巧和必要的保证措施，所以，当孔的位置精度要求较高时，就会出现严重超差现象。

有效地避免和消除孔的位置超差现象，是控制钻孔时孔质量的关键。在钻孔操作时，除了划线正确之外，钻底孔正确、及时准确纠偏、修锉底孔的位置，是保证孔的位置精度的基础。

1）划线时，为保证划线精度，使样冲眼位置正确，应选取刀头锋利的高度尺，在加工表面上将孔中心线交叉的沟痕划深些，以保证样冲尖落在正确的位置；采用划控制方框的方法，并在钻削过程中目测的同时利用卡尺测量，以保证其位置精度；使用的样冲尖角度应大于90°，垂直于工件表面敲击，不能打偏，如偏斜应及时纠偏。

2）由于钻孔属于粗加工，要达到质量较高的孔的要求时，就必须在钻孔后进一步加工，完成扩孔和铰孔操作来提高孔的质量。钻削底孔的位置正确或者超差较小，可有效地减少扩孔纠偏底孔的位置的次数，缩短操作加工时间，对提高加工精度及加工效率具有特别重要的作用。

在选择钻头直径时，根据孔径的大小确定钻削底孔的直径。中心钻既能很好地定位又能保证足够的刚度和强度，所以在钻削底孔时先选用中心钻定位，再钻底孔，最后进行扩孔和铰孔，逐步消除定位误差并提高孔径质量。

3）在装夹工件及钻头时，采用目测的方法很难保证工件的安装位置精度，必须采用游标卡尺、直角尺、百分表等量具进行测量，为了方便测量，在安装时要使工件高出平口钳钳口一定尺寸。选用刚性较好的钻头，钻头的切削刃要锋利、对称，装夹的钻头要尽可能短，以提高其刚性和强度，从而更有利于其位置精度的保证。

4）钻头对正孔中心的十字交点（即样冲眼），可以用手转动钻夹头，并移动平口钳或转动台钻的工作台，使中心钻与样冲眼对正。比较规整的工件尽可能处于浮动状态，依靠钻削力的拉动使工件位置产生微量的移动，让钻头与样冲眼自动对中。

5）钻底孔时，找出最佳切削效果的感觉，材料性质、切削速度、进刀量等都会对其产生影响，可通过试切来找感觉。

6）检测，为了提高孔的位置的检测精度，测量中要正确使用量具，减少或消除人为误差的产生，并对检测结果进行必要的修正：一是测量两孔壁的最近点和最远点，取平均值；二是在钻孔后插入相应尺寸精度的量棒进行测量，以减小游标卡尺测量爪的非线性因素对测量结果的影响。

7）修锉纠偏，对于孔的位置超差大于 0.2mm 的底孔，若仍然采取上述方法，势必会增加扩孔的次数和不同规格尺寸的钻头数量，延长纠偏的时间。可采取圆锉修锉技术去除多余的偏移余量后，再配以钻、扩方式加以解决。

通过测量计算，先测量出底孔的尺寸误差、形位误差，如超差、相对理想位置，通过计算分析出孔的位置误差值，然后确定修锉底孔的方向（实际孔的位置中心到理想位置中心的连线方向）和修锉孔的形状（应接近椭圆状，椭圆的几何中心与理想位置中心重合，椭圆的短轴为原底孔直径，消除孔的位置误差的最小底孔直径，即为椭圆的长轴）。

选择圆锉和修锉方法，所选的圆锉直径应略小于底孔直径，圆锉齿纹应选细齿。修锉时，可在台虎钳上手工纠偏。薄板件从底孔一端修锉即可；当工件较厚时，对于通孔来讲，应从底孔两端进行修锉，以减少锉削内圆弧面与孔口端面的不垂直误差。

继续检测孔的尺寸精度、形位精度是否合格。如不合格，则重复上述方法，直至符合图纸规定的技术要求。

在钻孔过程中要按照先基准后一般、先高精度后一般精度的原则，即优先加工或保证基准位置上的孔，或尺寸精度、形位精度要求相对较高的孔。

有效地避免和消除孔的超差，是控制钻孔时孔质量的关键，但是由于影响因素较多，所以需要反复地强化训练，以达到完全控制孔的位置精度的目的。这是一个循序渐进、精度逐步提高的漫长过程。

二、扩孔

1. 扩孔

扩孔是用扩孔钻对工件上已有的孔径进行扩大的加工方法，如图 6-19 所示。它可以校正孔的轴线偏差，并使其获得正确的几何形状和较小的表面粗糙度，其加工精度一般为 IT9～IT10 级，表面粗糙度 Ra=3.2～6.3μm。扩孔的加工余量一般为 0.2～4mm，可作为孔的半精加工及铰孔前的预加工。

扩孔时，切削深度 a_p 按下式计算：

$$a_p=(D-d)/2$$

式中：D 为扩孔后直径，mm；d 为预加工孔直径，mm。

扩孔加工具有以下特点：

（1）切削刃不必自外缘延续到中心，避免了横刃产生的不良影响。

（2）a_p 在钻孔时大大减小，切削阻力小，切削条件大大改善。

（3）a_p 较小，产生切屑体积小，排屑容易。

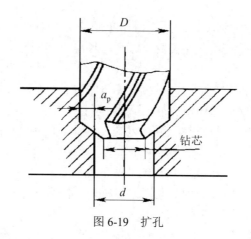

图 6-19　扩孔

2．扩孔钻

由于扩孔切削条件大大改善，所以扩孔钻的结构与麻花钻相比有较大不同。扩孔钻的结构特点如下：

（1）由于钻中心不切削，没有横刃，切削刃只做成靠边缘的一段。基础：锯割、錾削、锉削、钻孔工艺技能操作。

（2）由于扩孔产生的切屑体积小，不需大容屑槽，因此扩孔钻可以加粗钻芯以提高刚度，使操作平稳。

（3）由于容屑槽较小，扩孔钻可制作出较多刀齿，增强导向作用。一般整体式扩孔钻为 3～4 齿。

（4）由于切削深度较小，切削角度可取较大值，使切削省力。

3．扩孔的加工质量控制

扩孔的加工质量控制与钻床的操作、扩孔钻的刚性和切削刃的磨损、切削用量的选择等有关。

（1）扩孔操作通常是在钻孔操作后，将钻头直接更换为扩孔钻头，而不改变钻头与工件加工孔的位置进行的。要求在钻孔前调节钻床时，考虑更换钻头的工艺步骤不影响加工质量。

（2）在选择扩孔钻时尽可能选择长度短、刚性好、切削刃锋利、无磨损的钻头，可通过试切操作掌握其扩孔加工质量。

（3）合理地选择切削用量是保证加工质量的前提条件，扩孔的切削速度为钻孔的 1/2，进给量为钻孔的 1.5～2 倍。

用麻花钻扩孔时，扩孔前的钻孔直径为孔径的 0.5～0.7 倍；用扩孔钻扩孔时，扩孔前的钻孔直径为孔径的 0.9 倍。

三、锪孔

锪孔是用锪钻加工孔口的端面或切出沉孔的加工方法，如图 6-20 所示。

1．锪钻的种类和特点

锪钻分为柱形锪钻、锥形锪钻和端面锪钻三种。

（1）柱形锪钻。

柱形锪钻起主要切削作用的是端面刀刃，螺旋槽的斜角，即它的前角 $\gamma_0 = 15°$，后角 $\alpha_0 = 8°$，如图 6-21 所示。

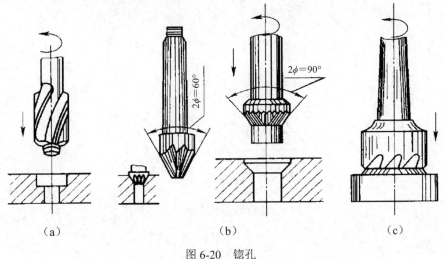

图 6-20　锪孔

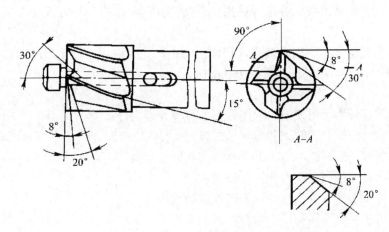

图 6-21　柱形锪钻

柱形锪钻前端有导柱，导柱直径与工件上的孔为紧密的间隙配合，以保证有良好的定心和导向作用。

（2）锥形锪钻。

按工件上沉孔锥角的不同，锥形锪钻的锥角有 60°、75°、90°、120°四种，其中 90°用得最多，如图 6-22 所示。

锥形锪钻的直径在 12～60mm 之间，齿数为 4～12 个，前角 $\gamma_0 = 0°$，后角 $\alpha_0 = 4°～6°$。

为了改善钻尖处的容屑条件，每隔一齿将刀刃切去一块。

（3）端面锪钻。

用来锪平孔口端面的锪钻称为端面锪钻，其端面刀齿为切削刃，前端导柱用来导向定心，以保证孔端面与孔中心线的垂直度，如图 6-20（c）所示。

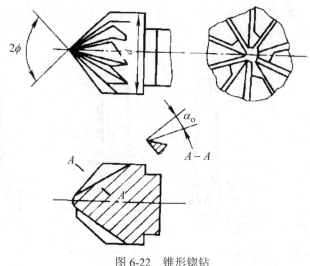

图 6-22　锥形锪钻

四、铰孔

用铰刀从工件孔壁上切除微量金属层，以提高其尺寸精度和降低表面粗糙度的加工方法称为铰孔。

铰刀的刀齿数量多，切削余量小，切削阻力小，导向性好，加工精度高，一般尺寸精度可达 IT7～IT9 级，表面粗糙度值可达 Ra=0.8～3.2μm。

1. 铰刀的分类

按使用方式可分为手用铰刀、机用铰刀和整体式铰刀。

按铰刀结构可分为套式铰刀和可调节式铰刀。

按铰刀切削部分的材料可分为高速钢铰刀和硬质合金铰刀。

按铰孔形状可分为圆柱铰刀和锥度铰刀。

按铰刀容屑槽形状可分为直槽铰刀和螺旋槽铰刀。

常用的铰刀主要有手用和机用两种，如图 6-23 所示。

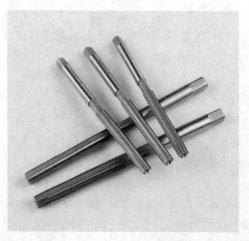 

图 6-23　手用和机用铰刀

2. 铰削用量

铰削用量要素包括铰削余量、切削速度和进给量。

（1）铰削余量。

铰削余量是指上道工序（钻孔或扩孔）完成后留下的直径方向上的加工余量。

铰削余量不宜过大，否则会使刀齿的切削负荷和变形增大，切削热增加，使铰刀的直径胀大，加工孔径扩大，被加工表面呈撕裂状态，致使尺寸精度降低，表面粗糙度值增大，同时加剧铰刀磨损。

铰削余量也不宜太小，否则上道工序的残留变形难以纠正，原有刀痕不能去除，铰削质量达不到要求。

选择铰削余量时，应考虑到加工孔径的大小、材料软硬、尺寸精度、表面粗糙度及铰刀类型等综合因素的影响。铰削余量的选择见表6-2。

表6-2　铰削余量的选择

铰孔直径（mm）	< 5	5～20	21～32	33～50	51～70
铰削余量（mm）	0.1～0.2	0.2～0.3	0.3	0.5	0.8

（2）切削速度和进给量。

为了得到较小的表面粗糙度值，必须避免铰削时产生积屑瘤，减少切削热及变形，减少铰刀的磨损，因此应选用较小的切削速度。用高速钢铰刀铰削钢件时，$v \leqslant 8m/min$；铰削铸铁件时，$v \leqslant 10m/min$；铰削铜铝件时，$8 \leqslant v \leqslant 12\ m/min$。

进给量大小要适当，过大则铰刀容易磨损，影响工件的加工质量；过小则很难切下金属材料，形成挤压，使工件产生塑性变形和表面硬化，这种被推挤而形成的凸峰，当以后的刀刃切入时就会被撕去大片切屑，使表面粗糙度值增加，同时加快铰刀磨损。机铰钢件时，$f=0.2～2.6mm/r$；机铰铸铁件时，$f=0.4～5.0mm/r$；机铰铜和铝件时，$f=1.0～6.4mm/r$。

3. 铰削时切削液的选用

铰削的切屑细碎，易黏附在刀刃上，甚至挤在孔壁与铰刀之间，从而刮伤加工表面，使孔径扩大。铰削时必须用适当的切削液冲掉切屑，减少摩擦，降低工件和铰刀的温度，防止产生积屑瘤。铰削时应根据加工材料选择切削液，见表6-3。

表6-3　铰削时切削液的选用

加工材料	切削液（按体积分数配比）
钢	1. 用10%～20%的乳化液 2. 孔要求高时，用30%柴油加7%乳化液 3. 孔要求更高时，用柴油、猪油
铸铁	1. 低浓度乳化液 2. 不用
铝	煤油
铜	乳化液

4. 铰孔操作要点

（1）工件要夹正、夹紧，但对薄壁零件的夹紧力不要过大，以防将孔夹扁。

（2）在手铰过程中，两手用力要保持平衡，旋转铰杠时不得摇摆，以保证铰削的稳定性，避免在孔的进口处出现喇叭口或孔径扩大现象；铰削进给时，不要用猛力压铰杠，只能随着铰刀的旋转轻轻加压于铰杠，将铰刀缓慢地引进孔内并均匀地进给以保证较小的表面粗糙度值。

（3）铰刀不能反转，退出时也要顺转。反转会使切屑扎在孔壁和铰刀的刀齿后刀面之间，将已加工的孔壁刮毛，同时也容易使铰刀磨损甚至崩刃。

（4）在手铰过程中，如果铰刀被卡住，不能用猛力扳转铰杠。此时应取出铰刀，清除切屑并检查铰刀。当继续铰削时要缓慢进给，以防在原来卡住的地方再次卡住。

（5）机铰时要在铰刀退出后才能停车，否则孔壁会有刀痕或拉毛。铰通孔时，铰刀的校准部分不能全部出头，否则孔的下端会刮坏。

【实际操作】

作业练习一：钻床操作练习。

通过工艺知识讲解，了解认识台式钻床的结构、名称和调整方法，练习转速的调整、旋转主轴进刀行程的调整、钻床夹具的使用、钻头的装卸等基本操作，同时掌握钻床安全操作要求。

钻床安全操作要求：

（1）操作前应做好准备工作，检查台钻是否正常，按规定加注润滑油脂做好安全防护措施。

（2）操作者应检查穿戴、扎紧袖口，长发必须戴工作帽，严禁戴手套操作，以免被钻床旋转部分铰住，造成事故。

（3）安装钻头前，需仔细检查钻套，钻套的标准化锥面部分不能碰伤凸起，如有，应用油石修好、擦净，才可使用。拆卸时必须使用标准斜铁。装卸钻头要用钻夹头扳手，不得用敲击的方法装卸钻头。

（4）未得到许可不得擅自启动钻床。钻孔时不能用手直接拉切屑，也不能用棉纱或用嘴吹清除切屑。操作者头部不能与钻床旋转部分靠得太近，机床未停稳时，严禁用手把握未停稳的钻头或钻夹头。操作时只允许一人独立操作。

（5）钻孔时工件装夹应稳固，特别是在钻薄板零件或小工件、扩孔或钻大孔时，装夹更要牢固，严禁用手把持进行加工。孔即将钻穿时，要减小压力与进给速度。

（6）钻孔时严禁在开车状态下装卸工件。利用机用平口钳夹持工件钻孔时，要扶稳平口钳，防止其掉落砸脚。钻小孔时，压力相应要小，以防钻头折断飞出伤人。

（7）清除铁屑要用毛刷等工具，不得用手直接清理。工作结束后，要对机床进行日常保养，切断电源，保持场地卫生。

作业练习二：钻孔、扩孔、铰孔操作练习。

根据图 6-24 要求，进行划线钻孔操作练习，掌握划线钻孔、扩孔和铰孔的操作方法，熟练操作钻床和保养钻床，学会分析钻孔加工质量。

零件图如图 6-24 所示。

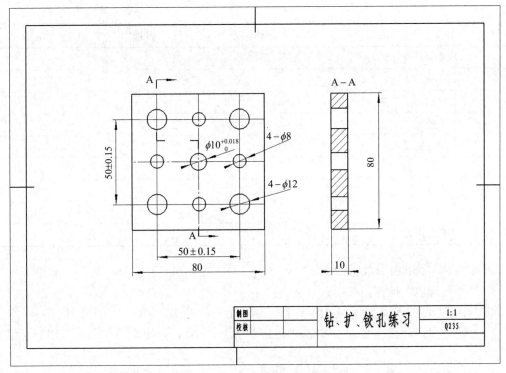

图 6-24　钻、扩、铰孔练习零件图

1. 工艺分析

练习在钢板上分别加工 1 个 $\phi10H7$ 中心孔、4 个均布的 $\phi8$ 孔和 4 个均布的 $\phi12$ 孔。

$\phi10H7$ 中心孔的加工采用中心钻定位，$\phi8$ 钻头钻底孔，$\phi9.8$ 钻头扩孔，$\phi10H7$ 铰刀铰孔。

$\phi8$ 分布孔的加工要求不高，采用划线定位，样冲打中心，$\phi8$ 钻头一次钻出孔。

$\phi12$ 的孔由于孔径相对较大，可采用钻扩孔的加工方法或修磨钻头一次钻出孔。

2. 设备及工量刃具准备

设备及工量刃具清单如表 6-4 所示。

表 6-4　设备及工量刃具清单

序号	设备、工量刃具	规格型号	数量	备注
1	台式钻床	Z512B	1 台	
2	平口钳	100mm	1 台	
3	平行垫铁		1 副	自制
4	中心钻	$\phi5$	1 支	
5	钻头	$\phi8$	1 支	
6	钻头	$\phi9.8$	1 支	
7	钻头	$\phi12$	1 支	
8	手用铰刀	$\phi10H7$	1 支	
9	铰杠	8 英寸	1 把	

续表

序号	设备、工量刃具	规格型号	数量	备注
10	毛刷	2 英寸	1 把	
11	切削乳化液		若干	
12	样冲	100mm	1 支	
13	手锤	0.5kg	1 把	
14	高度划线尺	300mm，0.02mm	1 把	
15	V 形铁		1 个	
16	划线平板		1 个	
17	划线墨水		1 瓶	
18	平面锉刀	250mm	1 把	

3. 钻、扩、铰孔练习操作步骤

（1）坯料清理、检查、涂色。

（2）坯料双面划线，检查无误后，在孔中心处打样冲眼（ϕ10 中心孔不要打）。

（3）熟悉台钻的操作要求，根据加工工件的尺寸形状，确定夹具——平口钳的定位并夹紧工件。

（4）调整钻床主轴行程，首先加工 ϕ10 中心孔，按工艺分析步骤加工，达到图纸要求，钻扩过程严格按钻床的操作要求进行，铰削在台虎钳上最后进行，为保证安全，每台设备安排 2 人，一名操作，另一名负责监护。

（5）调换钻头，分别加工 ϕ8 和 ϕ12 的孔以达到图纸要求。

（6）孔口倒角可用锪钻，也可用清角工具，如图 6-25 所示。

（7）清扫钻床并做好保养。

图 6-25　清角工具

项目七 螺纹加工

【工艺知识】

在生产中，零件与零件、零件与部件的连接方式之一是用螺纹连接，由于长时间工作及各种因素的影响，螺纹会产生锈蚀、损伤等缺陷，为了保证设备的安全运行，必须掌握螺纹的加工和维护方法，以保证其正常使用。

螺纹的加工方法较多，可以在通用机床上用切削的方法加工（如车削螺纹、铣螺纹等），也可在专用机床上用冷镦、搓螺纹的方法加工，还可通过钳工的攻螺纹和套螺纹方法进行加工。钳工手工加工螺纹主要是利用加工螺纹刀具完成的。

一、攻螺纹

攻螺纹是用丝锥在工件孔中切削出内螺纹的加工方法。

1. 攻螺纹工具

攻螺纹工具有丝锥和铰杠等。

（1）丝锥。

丝锥是加工内螺纹的工具，分为机用丝锥和手用丝锥，它们有左旋和右旋及粗牙和细牙之分。

机用丝锥通常是指高速钢磨牙丝锥，螺纹公差带分为 H1、H2、H3 三种。手用丝锥是用滚动轴承钢 GCr9 或合金工具钢 9SiCr 制成的滚牙（或切牙）丝锥，螺纹公差带为 H4。

丝锥的结构如图 7-1 所示，由工作部分和柄部组成，工作部分又包括切削部分和校准部分。

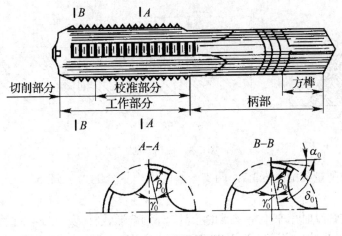

图 7-1 丝锥的结构

切削部分的前角 $\gamma_0=8°\sim10°$；切削部分的锥面上一般会铲磨出后角，机用丝锥的后角 $\alpha_0=10°\sim12°$，手用丝锥的后角 $\alpha_0=6°\sim8°$。

为了制造和刃磨方便，丝锥上的容屑槽一般做成直槽。有些专用丝锥为了控制排屑方向，常将容屑槽做成螺旋槽，如图7-2所示。

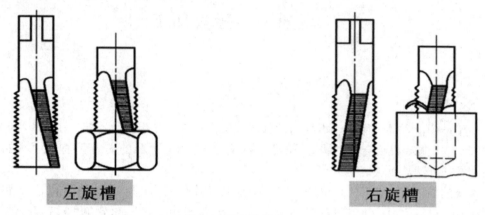

图7-2　螺旋槽丝锥

（2）成组丝锥。

为了减少切削力并延长使用寿命，一般将整个切削工作分配给几支丝锥来承担。通常M6～M24的丝锥每组有两支，M24以上的丝锥每组有三支，细牙螺纹丝锥为每组两支，如图7-3所示。

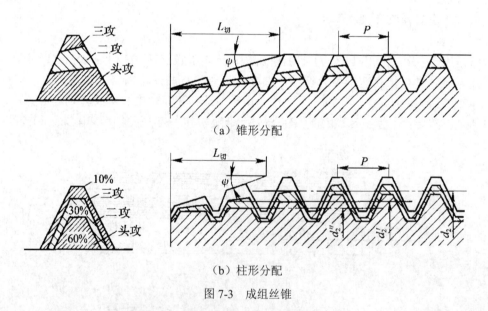

（a）锥形分配

（b）柱形分配

图7-3　成组丝锥

三支一套时切削量分配为6:3:1，两支一套时切削量分配为7.5:2.5。

（3）铰杠。

铰杠是手工攻螺纹时用来夹持丝锥的工具，分为普通铰杠（如图7-4所示）和丁字铰杠（如图7-5所示），这两类铰杠又可分为固定式和活络式两种。其中，丁字铰杠适用于在高凸台旁边或箱体内部攻螺纹，活络式丁字铰杠用于M6以下的丝锥，固定式普通铰杠用于M5以下的丝锥。

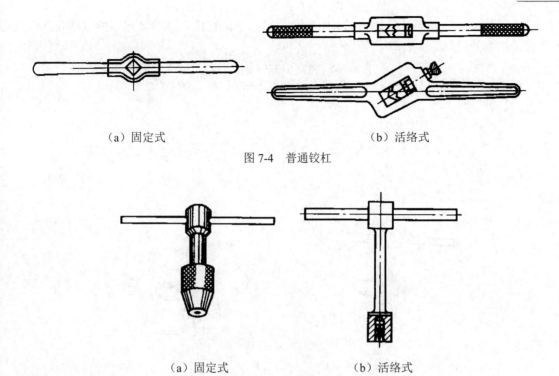

（a）固定式   （b）活络式

图 7-4   普通铰杠

（a）固定式   （b）活络式

图 7-5   丁字铰杠

2. 攻螺纹前底孔直径和深度的确定

（1）底孔直径的确定。

攻螺纹时，丝锥的每个切削刃除了起切削作用外，还伴随较强的挤压作用。因此，金属产生塑性变形形成凸起并挤向牙尖，如图7-6所示。

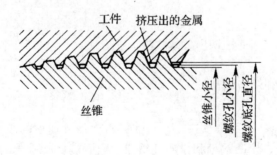

图 7-6   丝锥切削状态

1）在加工钢和塑性较大的材料时，在扩张量中等的条件下有

$$D_{钻}=D-P$$

式中：$D_{钻}$为攻螺纹时钻螺纹底孔所用钻头的直径，mm；D 为螺纹大径，mm；P 为螺距，mm。

2）在加工铸铁和塑性较小的材料时，在扩张量较小的条件下有

$$D_{钻}=D-(1.05\sim1.1)P$$

常用的粗牙或细牙普通丝锥在攻螺纹时钻螺纹底孔所用钻头的直径可以从工艺手册中查得。

（2）底孔深度的确定。

攻不通螺纹时，由于丝锥切削部分有锥角，端部不能切出完整的牙形，所以钻孔深度要大于螺纹的有效深度，一般取

$$H_{钻}=h_{有效}+0.7D$$

式中：$H_{钻}$为底孔深度，mm；$h_{有效}$为螺纹有效深度，mm；D为螺纹大径，mm。

3．攻螺纹方法

（1）按图样的尺寸要求划线。

（2）根据螺纹公称直径，按有关公式计算出底孔直径后钻孔。

（3）用头锥起攻，如图7-7所示。

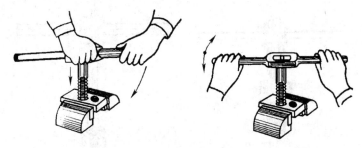

图7-7　攻螺纹的操作方法

（4）攻螺纹时，每扳转铰杠1/2～1圈，就应倒转1/4～1/2圈，使切屑碎断后容易排除。

（5）攻螺纹时，必须按头攻、二攻、三攻的顺序攻削到标准尺寸。

（6）在不通孔上攻削有深度要求的螺纹时，可根据所需的螺纹深度在丝锥上做好标记，避免因切屑堵塞而使攻螺纹达不到深度要求。

（7）在塑性材料上攻螺纹时，一般都应加润滑油，以减小切削阻力和螺孔的表面粗糙度值，延长丝锥的使用寿命。

二、套螺纹

套螺纹是指用板牙在圆杆上切出外螺纹的加工方法。

1．套螺纹工具

套螺纹工具有圆板牙和板牙架。

（1）圆板牙。

圆板牙是加工外螺纹的工具，用合金工具钢9SiCr或高速钢制作并经淬火回火处理。

圆板牙由切削部分、校准部分和排屑孔组成，它两端切削锥角的部分是切削部分。切削部分不是圆锥面（因圆锥面的后角 $\alpha_0=0°$），而是经过铲磨而成的阿基米德螺旋面，能形成的后角 $\alpha_0=7°\sim9°$。

圆板牙的前刀面是排屑孔，它是曲线形，前角数值是沿切削刃变化的。圆板牙的中间一段是校准部分，也是套螺纹时的导向部分，如图7-8所示。

（2）板牙架。

板牙架是装夹圆板牙的工具，如图7-9所示，放入圆板牙后，用螺钉将其紧固。

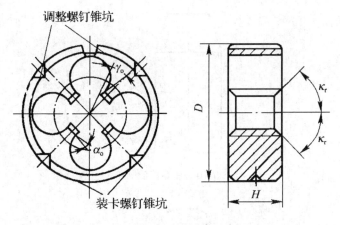

图 7-8　圆板牙

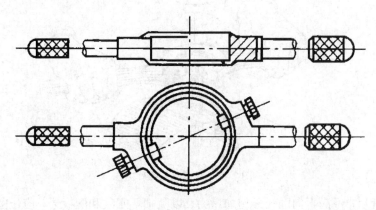

图 7-9　板牙架

2. 套螺纹前圆杆直径的确定

与用丝锥攻螺纹一样，用圆板牙在工件上套螺纹时，工件材料同样会因挤压而变形，牙顶将被挤高一些。因此，套螺纹前圆杆直径应稍小于螺纹的大径（公称直径）。

圆杆直径可用下式计算：

$$d_0 = d - 0.13P$$

式中：d_0 为圆杆直径，mm；d 为螺纹大径，mm；P 为螺距，mm。

3. 套螺纹的操作方法

（1）套螺纹前圆杆的端部应倒角，使圆板牙容易对准工件中心，同时也容易切入。在不影响螺纹长度要求的前提下，工件伸出钳口的长度应尽量短一些，如图 7-10 所示。

（2）套螺纹时，切削力矩很大。工件为圆杆形状，不易夹持牢固，所以要用硬木的 V 形块或铜板做衬垫，才能牢固地将工件夹紧，在加衬垫时圆杆的套螺纹部分离钳口要尽量近些。

（3）起套时，右手手掌按住铰杠中部，沿圆杆的轴向施加压力，左手配合做顺向旋进，此时转动宜慢些，但压力要大，应保持圆板牙的端面与圆杆轴线垂直，否则切出的螺纹牙齿会一面深一面浅。当圆板牙切入圆杆 2～3 牙时，应检查其垂直度，否则继续扳动铰杠时将造成螺纹偏切烂牙，如图 7-11 所示。

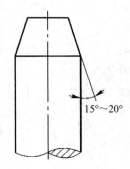

图 7-10　套螺纹前倒角

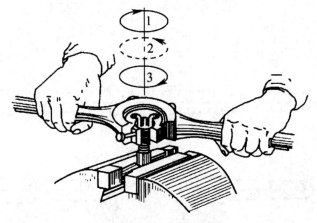

图 7-11　套螺纹的操作方法

（4）起套后，不应再向圆板牙施加压力，以免损坏螺纹和圆板牙，应让圆板牙自然引进。为了断屑，圆板牙也要时常倒转。

（5）在钢件上套螺纹时要加冷却润滑液（一般加注机油或较浓的乳化液，螺纹要求较高时，可用工业植物油），以延长圆板牙的使用寿命，减小螺纹的表面粗糙度值。

【实际操作】

作业练习：在图 6-24 所示钻、扩、铰孔练习工件的 $\phi8$ 孔中钻底孔，攻 M10 内螺纹，修复 M10×50 螺栓。

通过练习掌握螺纹加工和修复的操作方法，会计算和查找工艺手册中螺纹的相关代号和数据。

项目八　装配

【工艺知识】

装配，是将零件按规定的技术要求组装起来，并经过调试、检验使之成为合格产品的过程。装配始于装配图纸的设计。

装配必须具备定位和夹紧两个基本条件：

（1）定位就是确定零件正确位置的过程。

（2）夹紧即将定位后的零件固定。

一、装配方法

装配方法规定了产品及部件的装配顺序、工艺方法、装配技术要求、检验方法及装配所需的设备、工夹具、时间、定额等技术要求。装配方法有完全互换装配法、分组选配法、修配装配法、调整装配法四种。

1. 完全互换装配法

完全互换装配法是指在同类零件中，任取一个装配零件，不经修配即可装入部件中，并能达到规定的装配要求，它有以下特点：

（1）装配操作简便，生产效率高。

（2）容易确定装配时间，便于组织流水装配线。

（3）零件磨损后便于更换。

（4）零件加工精度要求高，制造费用随之增加，适于组成环节少、加工精度要求不高的场合或大批量生产。

2. 分组选配法

分组选配法是将一批零件逐一测量后，按实际尺寸的大小分成若干组，然后将尺寸大的包容件（如孔）与尺寸大的被包容件（如轴）相配，将尺寸小的包容件与尺寸小的被包容件相配。这种装配方法的配合精度取决于分组数，即增加分组数可以提高装配精度。

分组选配法常用于大批量生产中装配精度要求很高、组成环节较少的场合，其具有以下特点：

（1）经分组选配后，零件的配合精度高。

（2）零件制造公差被放大，零件加工成本降低。

（3）增加了对零件测量分组的工作量，并需要加强对零件的储存和运输管理，可能造成半成品和零件的积压。

3. 修配装配法

修配装配法是指装配时修去指定零件上预留的修配量，以达到预定的装配精度的装配方法。

修配装配法适用于单件和小批生产以及装配精度要求高的场合，其具有以下特点：

（1）通过修配得到装配精度，可降低零件的制造精度。

（2）装配周期长，生产效率低，对工人操作技能要求高。

4. 调整装配法

调整装配法是指装配时调整某一零件的位置或尺寸，以达到预定的装配精度的装配方法。

一般采用改变斜面、锥面、螺纹等方法来移动可调整件的位置，采用调换垫片、垫圈、套筒等方法来控制调整件的尺寸。除必须采用分组装配的精密配件外，调整装配法一般可用于各种装配场合，其具有以下特点：

（1）零件可按经济精度确定加工公差，装配时通过调整达到预定的装配精度。

（2）产品使用时可进行定期调整，以保证配合精度，便于维护和修理。

（3）生产率低，对工人操作技能要求高。

二、装配工艺规程

装配工艺规程是规定产品或部件装配的工艺规程和操作方法等的工艺文件，是制订装配计划和技术准备、指导装配工作和处理装配问题的重要依据。它对保证装配质量，提高装配生产效率，降低成本和减轻工人劳动强度等都有积极的作用。

1. 制定装配工艺规程的基本原则及原始资料

合理安排装配顺序，尽量减少钳工的装配工作量，缩短装配线的装配周期，提高装配效率，保证装配线的产品质量，这一系列要求是制定装配工艺规程的基本原则。

制定装配工艺规程的原始资料包括：

（1）产品的总装图和部件装配图、零件明细表等。

（2）产品的验收技术条件，包括试验工作的内容及方法。

（3）产品生产规模。

（4）现有的工艺装备、车间面积、工人技术水平以及时间额定标准等。

2. 装配工艺规程的内容

（1）分析装配线产品的总装图，划分装配单元，确定各零部件的装配顺序及装配方法。

（2）确定装配线上各工序的装配技术要求、检验方法和检验工具。

（3）选择和设计在装配过程中所需的工具、夹具和专用设备。

（4）确定装配线在装配时零部件的运输方法及运输工具。

（5）确定装配线装配的时间定额。

3. 制定装配线工艺规程的步骤

（1）研究产品的装配图及验收技术条件。

1）审核产品图样的完整性、正确性。

2）分析产品的结构工艺性。

3）审核产品装配的技术要求和验收标准。

4）分析和计算产品的装配尺寸链。

（2）确定装配方法与组织形式。

1）装配方法的确定：主要取决于产品结构的尺寸大小和重量，以及产品的生产纲领。

2）装配的组织形式：固定式装配和移动式装配。

固定式装配：全部装配工作在一固定的地点完成，适用于单件小批生产和体积、重量大的设备的装配。

移动式装配：将零部件按装配顺序从一个装配地点移动到下一个装配地点，每个装配地点分别完成一部分装配工作，各装配点工作的总和就是整个产品的全部装配工作。移动式装配适用于大批量生产。

（3）划分装配单元，确定装配顺序。

1）将产品划分为套件、组件和部件等装配单元，进行分级装配。

2）确定装配单元的基准零件。

3）根据基准零件确定装配单元的装配顺序。

（4）划分装配工序。

1）确定工序内容（如清洗、刮削、平衡、过盈连接、螺纹连接、校正、检验、试运转、油漆、包装等）。

2）确定各工序所需的设备和工具。

3）制定各工序的装配操作规范，如过盈配合的压入力等。

4）制定各工序的装配质量要求与检验方法。

5）确定各工序的时间定额，平衡各工序的工作节拍。

（5）编制装配工艺文件。

三、装配精度与装配尺寸链

1. 装配精度

为了使机器具有正常的工作性能，必须保证其装配精度。机器的装配精度通常包含以下三个方面的含义。

（1）相互位置精度：指产品中相关零部件之间的距离和相互位置的精度，如平行度、垂直度和同轴度等。

（2）相对运动精度：指产品中有相对运动的零部件之间在运动方向和相对运动速度上的精度，如传动精度、回转精度等。

（3）相互配合精度：指配合表面间的配合质量和接触质量。

2. 装配尺寸链

（1）装配尺寸链的定义。

在机器的装配关系中，由相关零件的尺寸或相互位置关系所组成的一个封闭的尺寸系统，称为装配尺寸链。

（2）装配尺寸链的分类。

1）直线尺寸链：由长度尺寸组成且各环尺寸相互平行的装配尺寸链。

2）角度尺寸链：由角度、平行度、垂直度等组成的装配尺寸链。

3）平面尺寸链：由成角度关系布置的长度尺寸构成的装配尺寸链。

（3）装配尺寸链的建立方法。

1）确定装配结构中的封闭环，即间接保证的尺寸。

2）确定组成环，即直接保证或已经存在的尺寸，包括增环和减环。增环就是随着其尺寸增大，封闭环尺寸也增大；减环就是随着其尺寸增大，封闭环尺寸就减小。

（4）装配尺寸链的计算方法。

装配尺寸链的计算方法有极值法和统计法。

四、常用零件的装配形式

1. 装配基本要求

（1）必须按照设计、工艺要求的基本规定和有关标准进行装配。

（2）所有零部件（包括外购、外协件）必须经检验合格方能进行装配。

（3）零件在装配前必须清理和清洗干净，不得有毛刺、飞边、氧化皮、锈蚀、切屑、砂粒、灰尘和油污等，并应符合相应清洁度的要求。

（4）装配过程中零件不得磕碰、划伤和锈蚀。

（5）油漆未干的零件不得进行装配。

（6）相对运动的零件，装配时其接触面间应加润滑油（脂）。

（7）各零部件装配后的相对位置应准确。

（8）装配时原则上不允许踩机操作，如遇特殊部位必须踩机操作时，应采取特殊措施，用防护罩盖住被踩部位，非金属等强度较低的部位严禁踩踏。

2. 螺钉、螺栓连接方法的要求

（1）在将螺钉、螺栓和螺母紧固时严禁打击或使用不合适的扳手，紧固后螺钉槽、螺母、螺钉及螺栓头部不得损伤。

（2）有规定拧紧力矩要求的紧固件应采用力矩扳手，按规定的拧紧力矩紧固。

（3）同一零件用多个螺钉或螺栓紧固时，各螺钉或螺栓需按顺时针、交错或对称的顺序逐一拧紧，如有定位销，应从靠近定位销的螺钉或螺栓开始操作。

（4）使用双螺母时，应先装薄螺母后装厚螺母。

（5）螺钉、螺栓和螺母拧紧后，螺钉、螺栓一般应露出螺母 1～2 个螺距。

（6）螺钉、螺栓和螺母拧紧后，其支承面应与被紧固的零件贴合。

3. 键连接

（1）平键与固定键的键槽两侧面应均匀接触，其配合面间不得有间隙。

（2）间隙配合的键（或花键）装配后，相对运动的零件沿着轴向移动时，不得有松紧不均现象。

4. 滚动轴承的装配

（1）轴承在装配前必须是清洁的。

（2）对于要用油脂润滑的轴承，装配后一般应注入约占空腔体积二分之一且符合规定的润滑脂。

（3）用压入法装配时，应用专门压具或在过盈配合环上垫以棒或套，不得通过滚动体和保持架传递压力或打击力。

（4）轴承内圈的端面一般应紧靠轴肩，对于圆锥滚子轴承和向心推力轴承，其与轴肩的距离应不大于 0.05mm，其他轴承与轴肩的距离应不大于 0.1mm。

（5）轴承外圈装配后，其定位端的轴承盖与垫圈或外圈的接触应均匀。

（6）装配可拆卸的轴承时，必须按内外圈和对位标记安装，不得装反或与别的轴承内外圈混装。

（7）可调头装配的轴承，在装配时应将有编号的一端向外，以便识别。

（8）滚动轴承装好后，相对运动件的转动应灵活、轻便，不得有卡滞现象。

（9）单列圆锥滚子轴承、推力角接触轴承、双向推力球轴承在装配时轴向间隙应符合图纸及工艺要求。

（10）轴承外圈与开式轴承座及轴承盖的半圆孔均应接触良好，用涂色法检验时，与轴承座应在对称于中心线的 120°范围内均匀接触，与轴承盖应在对称于中心线的 90°范围内均匀接触。在上述范围内，用 0.03mm 的塞尺检查时，将其塞入的深度不得超过外环宽度的三分之一。

5. 防松装置

（1）弹簧垫圈的防松。紧固时，以弹簧垫圈被压平为准，弹簧垫圈不能断裂或产生其他变形。

（2）开口销和带槽螺母的防松。先将带槽螺母按规定力矩拧紧，再装上开口销，将开口销尾部分开 60°～90°。

（3）止动垫圈和圆螺母的防松。装配时，先把止动垫圈的内翅插入螺杆的槽中，然后拧紧圆螺母，再把止动垫圈的外翅弯入圆螺母的外缺口内。

（4）止动垫圈和六角螺母的防松。拧紧六角螺母后，将止动垫圈的耳边弯折，使其与零件及六角螺母的侧面贴紧。

（5）双螺母的防松。安装时，薄螺母在下，厚螺母在上，先紧固薄螺母，达到规定要求后，固定薄螺母不动，再紧固上面的厚螺母。

（6）串联钢丝的防松。拧紧螺栓后，将钢丝穿过一组螺栓头部的小孔并扎牢。应注意钢丝的穿入方向，使螺栓始终处于旋紧的状态。

提高篇

项目九　异形配合件的加工

【操作要求】

熟练掌握划线、锯割、锉削、钻孔的基本操作技能，并达到一定的加工精度要求；正确使用量具进行测量；学会通过分析图纸编排加工工艺步骤的方法，会分析加工缺陷。

【操作图纸】

异形配合件加工图如图 9-1 所示。

【工艺分析】

如图 9-1 所示，该零件为 L 形盲配合，工件不能试配，只能在工件完成加工后锯下配合，检测配合间隙。该操作对加工精度要求较高，意在培养提高操作者的加工和测量技能。

该工件加工基准为外形轮廓，为防止加工变形，可以在划线后在凹件的余料部分锯割，以便释放应力后再加工。该工件无工艺孔，相邻面内角加工和清角前应修磨锉刀，以防锉伤邻面。应合理安排钻孔排料，加工时应分步并严格按工艺要求进行，先加工凸件后加工凹件；先加工一侧，再利用间接测量的原理加工另一侧。按中间公差加工原则和最小误差原则，综合兼顾，勤测慎修，正确分析判断，合理加工，逐渐达到配合要求。在 R6 圆弧处用圆弧样板透光法检测。

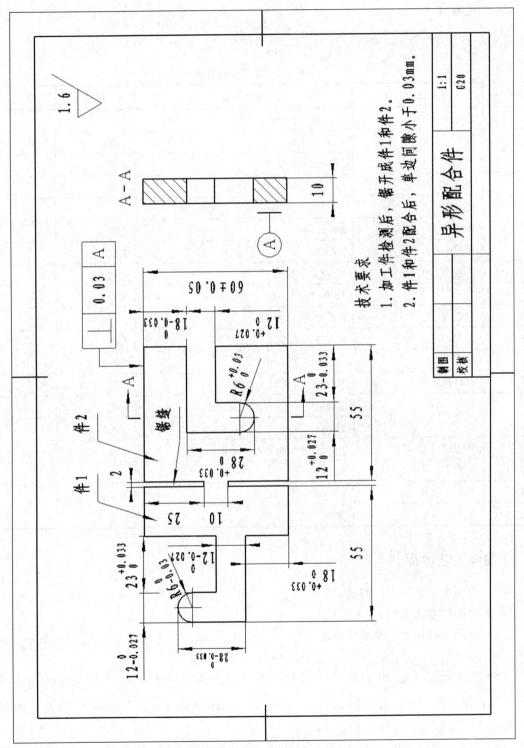

图 9-1 异形配合件加工图

【工量刃具】

工量刃具清单如表 9-1 所示。

表 9-1　工量刃具清单

序号	名称	规格精度	数量	备注
1	游标卡尺	150mm　0.02mm　0 级	1 把	
2	量块	83 块　0 级	1 盒	
3	刀口尺	125mm　0 级	1 把	
4	直角尺	125mm×80mm　0 级	1 把	
5	塞尺	100mm　0.02mm	1 把	
6	R 规	R6mm	1 组	
7	手锯	300mm	1 把	
8	平锉刀	12 英寸　中齿	1 把	
9	平锉刀	10 英寸　细齿	1 把	
10	平锉刀	6 英寸　细齿	1 把	
11	方锉刀	8 英寸　中齿	1 把	
12	划线平板	400mm×300mm	1 块	
13	游标高度尺	300mm　0.02mm　0 级	1 把	
14	划针	200mm	1 把	
15	划规	150mm	1 把	
16	V 形铁	100mm×120mm×30mm	1 块	
17	毛刷	50mm	1 把	
18	钻头	$\phi3$	1 支	
19	钻头	$\phi11$	1 支	

【参考工艺步骤】

（1）毛坯清理、检查、测量。

（2）按图样要求划线。

（3）锯割消除应力，减小变形量。

（4）钻排料孔。

（5）加工凸件，先加工直角一侧，锯、锉加工达到要求（$18_0^{+0.033}$ mm 和 35.0mm）；再加工另一侧，锯、锉加工达到要求（$12_{-0.027}^0$ mm、$28_{-0.033}^0$ mm 和 $23_0^{+0.033}$ mm），最后加工 R6 圆弧达到要求，各加工面与基准 A 垂直。

（6）加工凹件，先用圆锉和方锉扩大排孔，再放入锯条锯割去除余料，逐面进行粗、细、精加工达要求，各加工面与基准 A 垂直。

（7）综合检测，分析判断加工误差，修复减小加工误差。

（8）钝角倒钝。

【评分表】

评分表如表 9-2 所示。

表 9-2　评分表

序号	检测项目及标准	配分	检测结果	得分	备注
1	尺寸公差 60mm±0.05mm	6			
2	尺寸 $12_{-0.027}^{0}$ mm	5×2			
3	尺寸 $28_{-0.033}^{0}$ mm	5×3			
4	尺寸 $18_{0}^{+0.033}$ mm	5×2			
5	尺寸 $23_{0}^{+0.033}$ mm	2			
6	尺寸 $R6_{-0.03}^{0}$ mm	5×2			
7	尺寸 $12_{0}^{+0.027}$ mm	1×10			
8	尺寸 $28_{0}^{+0.033}$ mm	1×10			
9	尺寸 $18_{-0.033}^{0}$ mm	2×10			
10	尺寸 $23_{-0.033}^{0}$ mm	1×10			
11	尺寸 $R6_{0}^{+0.03}$ mm	10			
12	⊥ 0.03 A	2×14			
13	表面粗糙度 Ra1.6μm	4			
14	安全文明生产	10			

项目十　双燕尾配合件的加工

【操作要求】

熟练掌握划线、锯割、锉削、钻孔的基本操作技能，并达到一定的加工精度要求；正确使用量具进行燕尾角度测量；学会通过分析图纸编排加工工艺步骤的方法，会分析加工误差并提出预防措施。

【操作图纸】

双燕尾配合件图如图 10-1 所示。

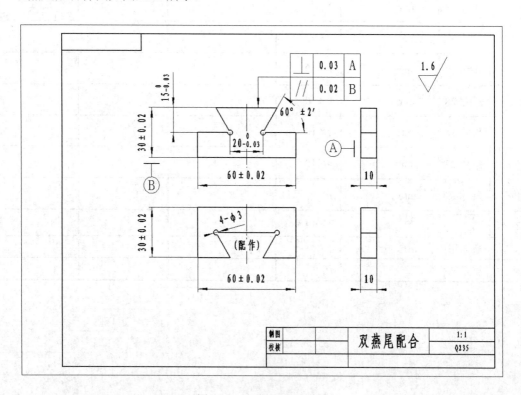

图 10-1　双燕尾配合件图

【工艺分析】

燕尾配合是由两个工件组合的锉配件，属于半封闭配合。可以利用划线、锯割、锉削加工完成，为保证配合质量，有 4 个 $\phi 3$ 工艺孔，其凸件的技术要求较多，加工重点在凸件。凹件配合处的技术要求以凸件为基准进行加工配作，达配合尺寸 45mm±0.04mm 和对称度 0.025mm 的要求。在加工中应采用间接测量的方法来获得加工要求，如图 10-2 所示。

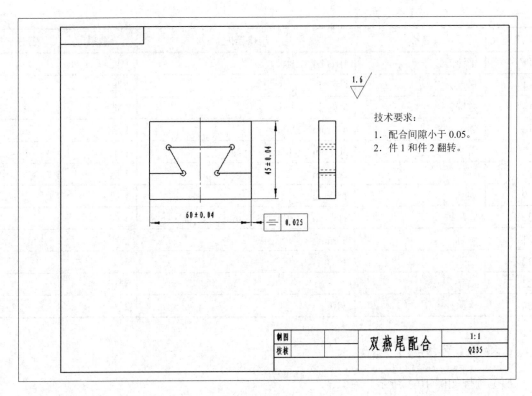

技术要求：
1. 配合间隙小于 0.05。
2. 件 1 和件 2 翻转。

双燕尾配合　1:1　Q235

图 10-2　双燕尾配合图

【工量刃具】

工量刃具清单如表 10-1 所示。

表 10-1　工量刃具清单

序号	名称	规格精度	数量	备注
1	游标卡尺	150mm　0.02mm　0 级	1 把	
2	量块	83 块　0 级	1 盒	
3	刀口尺	125mm　0 级	1 把	
4	直角尺	125mm×80mm　0 级	1 把	
5	万能角度尺	0°～320°	1 把	
6	塞尺	100mm　0.02mm	1 把	
7	正弦规	100mm	1 个	
8	量块	83 块	1 盒	
9	杠杆百分表	0～0.8mm	1 块	
10	磁性表架		1 套	
11	手锯	300mm	1 把	
12	平锉刀	12 英寸　中齿	1 把	

续表

序号	名称	规格精度	数量	备注
13	平锉刀	10 英寸　细齿	1 把	
14	平锉刀	6 英寸　细齿	1 把	
15	方锉刀	8 英寸　中齿	1 把	
16	划线平板	400mm×300mm	1 块	
17	游标高度尺	300mm　0.02mm　0 级	1 把	
18	划针	200mm	1 把	
19	划规	150mm	1 把	
20	V 形铁	100mm×120mm×30mm	1 块	
21	毛刷	50mm	1 把	
22	钻头	$\phi 3$	1 支	
23	钻头	$\phi 5 \sim \phi 11$	若干	
24	检验棒	$\phi 10$	2 支	

【参考工艺步骤】

加工过程如图 10-3 所示。

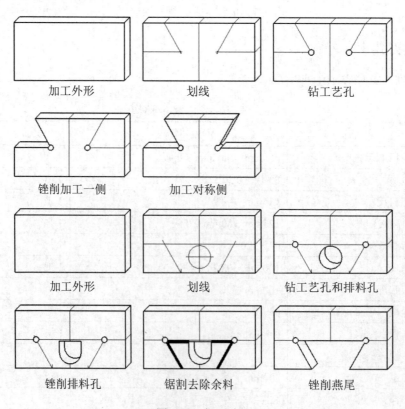

加工外形	划线	钻工艺孔
锉削加工一侧	加工对称侧	
加工外形	划线	钻工艺孔和排料孔
锉削排料孔	锯割去除余料	锉削燕尾

图 10-3　加工过程

　　加工中，单、双燕尾的测量计算方法如下：

　　测量角度时使用万能角度尺，计算角度位置时利用圆柱测量棒间接测量法，如图 10-4 所示。

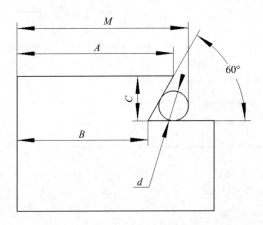

图 10-4　单、双燕尾的测量方法

　　尺寸 M 与尺寸 B 和圆柱直径 d 之间有如下关系：

$$M = B + \frac{d}{2}\cot\frac{60°}{2} + \frac{d}{2}$$

式中：M 为测量读数值，mm；B 为斜面与槽底的交点至侧面的距离，mm；d 为圆柱测量棒的直径，mm；60° 为斜面的角度值。

　　当要求尺寸为 A 时，则可按下式进行换算：

$$B = A - \frac{C}{\tan a}$$

式中：A 为斜面与槽口平面的交点至侧面的距离，mm；C 为深度尺寸，mm。

　　加工中相关类型的计算还有很多，可利用三角函数，举一反三，多做练习，熟练计算，获得结果。

【评分表】

评分表如表 10-2 所示。

表 10-2　评分表

序号	检测项目及标准	配分	检测结果	得分	备注
1	尺寸公差 60mm±0.02mm	5			
2	尺寸公差 30mm±0.02mm	5			
3	尺寸 $15^{0}_{-0.03}$ mm	5×2			
4	尺寸 $20^{0}_{-0.03}$ mm	10			
5	60°±2′	5×2			
6	尺寸公差 45mm±0.04mm	5			

续表

序号	检测项目及标准	配分	检测结果	得分	备注
7	⊥ 0.03 A	5×2			
8	∥ 0.02 B	5			
9	= 0.025	1×10			
10	配合间隙<0.05mm	2×10			
11	表面粗糙度 Ra1.6μm	1×10			
12	安全文明操作	10			

项目十一　角度模板的加工

【操作要求】

熟练掌握划线、锯割、锉削、钻孔的基本操作技能，并达到一定的加工精度要求；正确使用量块、百分表和正弦规等量具进行测量；学会通过分析图纸编排加工工艺步骤的方法，会分析加工缺陷。

【操作图纸】

角度模板加工图见图 11-1。

【工艺分析】

该零件为多角度模板凹凸配合，对凹件角度加工精度要求高，配合面也较多，凸件加工以凹件的尺寸和形位公差为依据，意在培养操作者加工角度小的平面，提高测量技能。

该工件加工基准为外形轮廓，为防止加工变形，可以在划线后在凹件的余料部分锯割，以便释放应力后再加工，为方便锯割操作，可将锯条齿背磨窄。该工件有 8 个 $\phi3$ 工艺孔，1 个直角凹槽。加工时应分步进行，先加工凹件后加工凸件，先加工基准后加工其他面，逐面加工，利用外形基准面，借助正弦规等测量工具进行划线、测量，勤测慎修，逐渐达到配合要求。

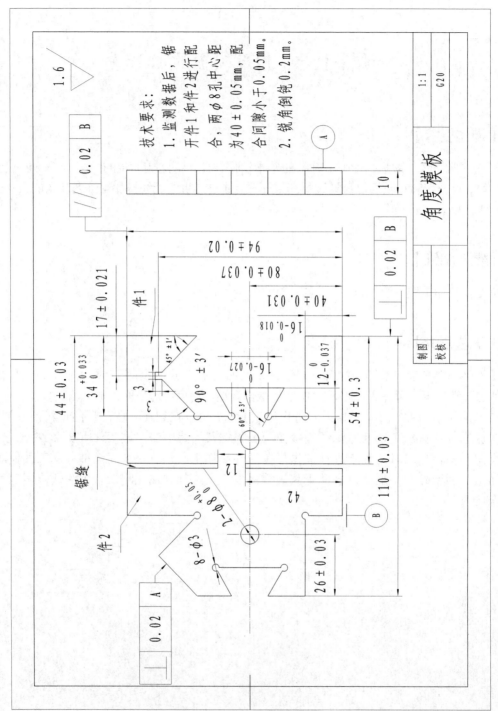

技术要求：
1. 监测数据后，锯开件1和件2进行配合，两φ8孔中心距为40±0.05mm，配合间隙小于0.05mm。
2. 锐角倒钝0.2mm。

图 11-1　角度模板加工图

【工量刃具】

工量刃具清单如表 11-1 所示。

表 11-1　工量刃具清单

序号	名称	规格精度	数量	备注
1	游标卡尺	150mm　0.02mm　0 级	1 把	
2	量块	83 块　0 级	1 盒	
3	刀口尺	125mm　0 级	1 把	
4	直角尺	125mm×80mm　0 级	1 把	
5	万能角度尺	0°～320°	1 把	
6	塞尺	100mm　0.02mm	1 把	
7	正弦规	100mm	1 个	
8	量块	83 块	1 盒	
9	杠杆百分表	0～0.8mm	1 块	
10	磁性表架		1 套	
11	手锯	300mm	1 把	
12	平锉刀	12 英寸　中齿	1 把	
13	平锉刀	10 英寸　细齿	1 把	
14	平锉刀	6 英寸　细齿	1 把	
15	方锉刀	8 英寸　中齿	1 把	
16	划线平板	400mm×300mm	1 块	
17	游标高度尺	300mm　0.02mm　0 级	1 把	
18	划针	200mm	1 把	
19	划规	150mm	1 把	
20	V 形铁	100mm×120mm×30mm	1 块	
21	毛刷	50mm	1 把	
22	钻头	$\phi3$	1 支	
23	钻头	$\phi5\sim\phi11$	若干	
24	手用铰刀	$\phi8H7$	1 支	

【参考工艺步骤】

（1）毛坯清理、检查、测量。

（2）外形加工符合要求后，按图样要求划线、打样冲。

（3）锯割消除应力，减小变形量。

（4）钻、铰两个 $\phi8$ 装配孔，钻排料孔。

（5）加工凹件，先在 60°燕尾角处沿加工线锉削排孔，再锯割去料，逐面加工锉削达到要求，注意利用外形基准面，用正弦规、杠杆百分表测量，各加工面与基准 A 垂直。

（6）加工凸件，先加工燕尾凹槽达要求，再加工直角缺口达要求，最后加工 90°角达要求，分别进行粗、细、精加工操作，各加工面与基准 A 垂直。

（7）综合检测，分析判断加工误差，修复减小加工误差。

（8）钝角倒钝。

项目十二　六方形板转位配合件

【操作要求】

熟练掌握划线、锯割、锉削、钻孔的基本操作技能，并达到一定的加工精度要求；正确使用量具进行测量；学会通过分析图纸编排加工工艺步骤的方法，会分析加工误差并提出预防措施。

【操作图纸】

以六方形板为基准，加工半包围凹板达图纸要求，精修试配，使配合间隙、加工尺寸、形位误差均达要求，如图 12-1 所示。

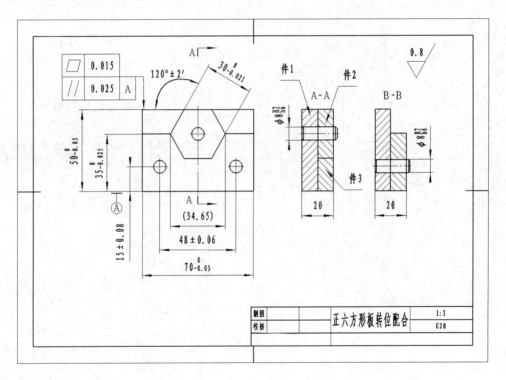

图 12-1　正六方形板转位配合加工图

【操作任务】

（1）根据图纸要求，认真分析后写出凹板件 3 的加工步骤。

（2）准备所需工量刃具、设备。

（3）按要求加工试配。

（4）加工检测。

项目十三 大赛实操样题

第三届全国技工院校技能大赛

装配零件加工实际操作竞赛项目

竞赛项目图纸如图 13-1 至图 13-12 所示。

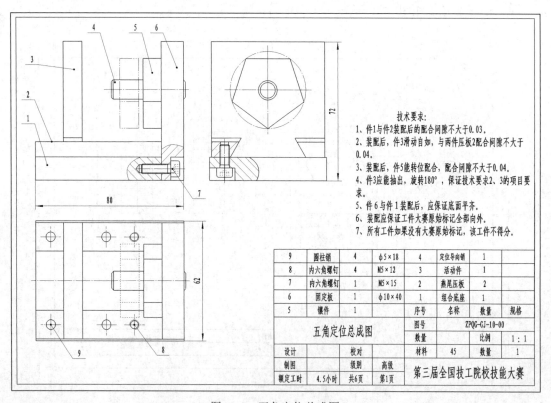

技术要求:

1、件1与件2装配后的配合间隙不大于0.03。

2、装配后,件3滑动自如,与两件压板2配合间隙不大于0.04。

3、装配后,件5能转位配合,配合间隙不大于0.04。

4、件3应能抽出,旋转180°,保证技术要求2、3的项目要求。

5、件6与件1装配后,应保证底面平齐。

6、装配应保证工件大赛原始标记全部向外。

7、所有工件如果没有大赛原始标记,该工件不得分。

9	圆柱销	4	φ5×18	4	定位导向销	1
8	内六角螺钉	4	M5×12	3	活动件	1
7	内六角螺钉	1	M5×15	2	燕尾压板	2
6	固定板	1	φ10×40	1	组合底座	1
5	镶件	1		序号	名称	数量	规格

五角定位总成图		图号	ZPQG-GJ-10-00	
		数量		比例	1:1
设计	校对	材料	45	数量	1
制图	级别	高级	第三届全国技工院校技能大赛	
额定工时	4.5小时	共6页	第1页	

图 13-1 五角定位总成图

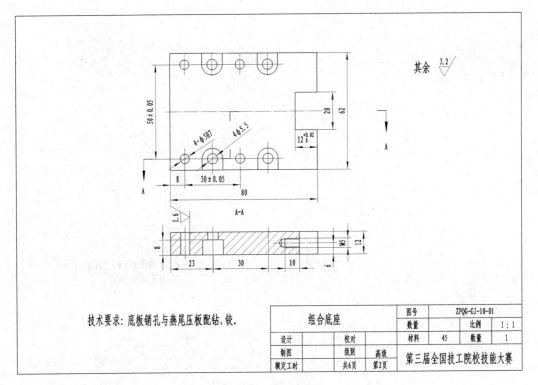

技术要求：底板销孔与燕尾压板配钻、铰。

组合底座			图号	ZPQG-GJ-10-01	
			数量		比例	1：1
设计		校对		材料	45	数量	1
制图		级别	高级	第三届全国技工院校技能大赛		
额定工时		共6页	第2页			

图 13-2　组合底座图

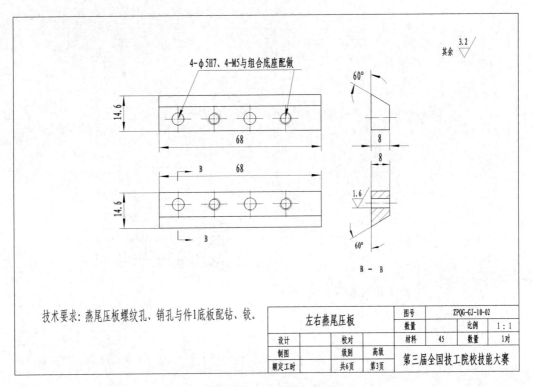

技术要求：燕尾压板螺纹孔、销孔与件1底板配钻、铰。

左右燕尾压板			图号	ZPQG-GJ-10-02	
			数量		比例	1：1
设计		校对		材料	45	数量	1对
制图		级别	高级	第三届全国技工院校技能大赛		
额定工时		共6页	第3页			

图 13-3　左右燕尾压板图

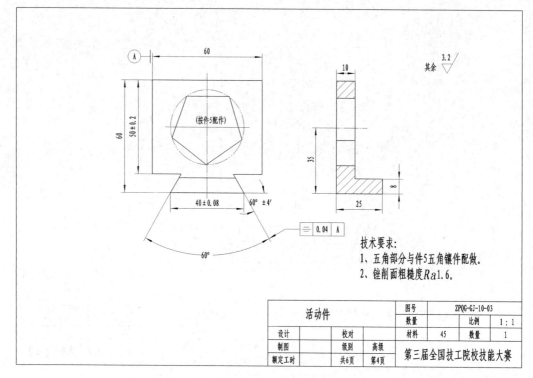

图 13-4　活动件图

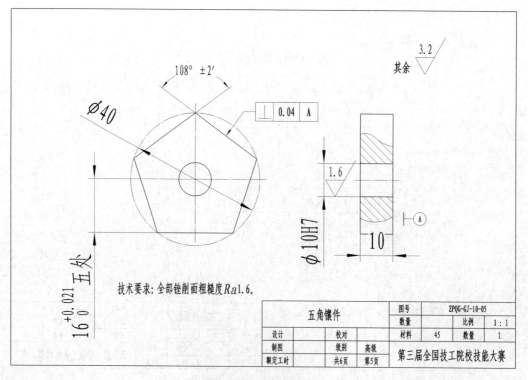

图 13-5　五角镶件图

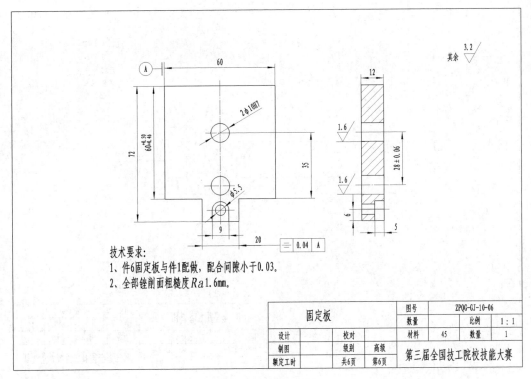

技术要求：
1、件6固定板与件1配做，配合间隙小于0.03。
2、全部锉削面粗糙度Ra1.6mm。

固定板			图号		ZPQG-GJ-10-06	
			数量		比例	1：1
设计		校对		材料	45	数量	1
制图		级别	高级	第三届全国技工院校技能大赛		
额定工时		共6页	第6页			

图 13-6　固定板图

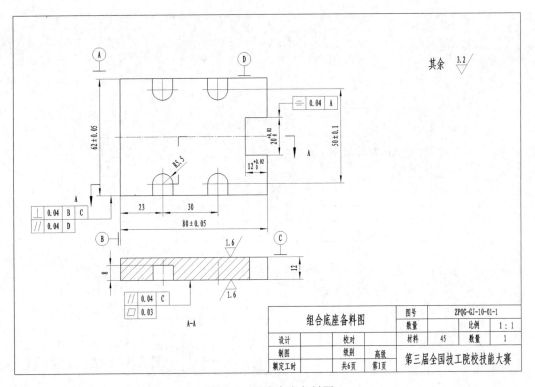

组合底座备料图			图号		ZPQG-GJ-10-01-1	
			数量		比例	1：1
设计		校对		材料	45	数量	1
制图		级别	高级	第三届全国技工院校技能大赛		
额定工时		共6页	第1页			

图 13-7　组合底座备料图

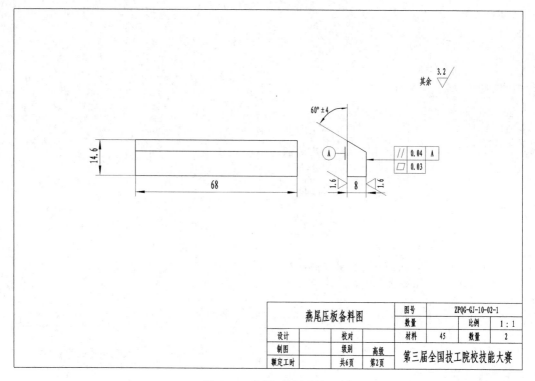

图 13-8　燕尾压板备料图

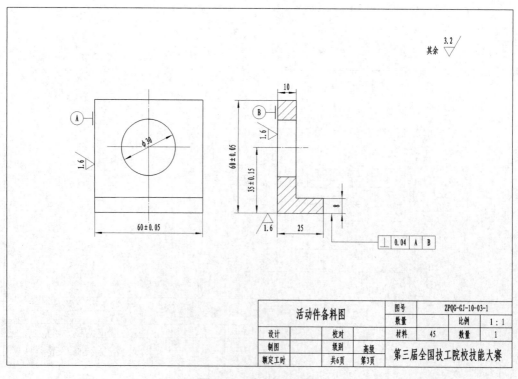

图 13-9　活动件备料图

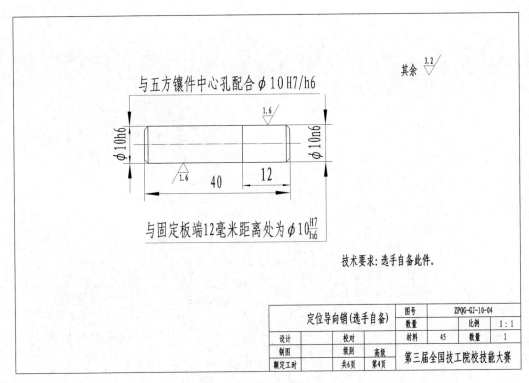

图 13-10　定位导向销图

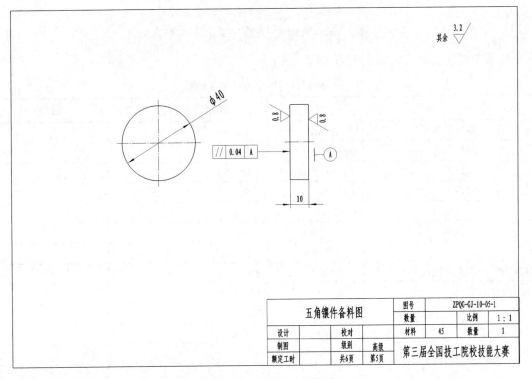

图 13-11　五角镶件备料图

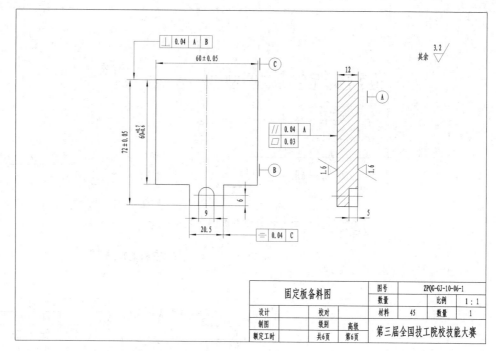

图 13-12　固定板备料图

装配零件加工（学生高级组）竞赛准备清单和要求

1. 装配钳工（学生高级组）实际操作竞赛选手准备清单和要求

工量刃具清单和要求如表 13-1 所示。

表 13-1　工量刃具清单和要求

序号	名称	规格	精度	数量	备注
1	游标高度尺	0～300mm	0.02mm	1 把	
2	游标卡尺	0～150mm	0.02mm	1 把	
3	直角尺	100mm×80mm	1 级	1 把	
4	刀口尺	100mm	1 级	1 把	
5	千分尺	0～25mm	0.01mm	1 把	
6	千分尺	25～50mm	0.01mm	1 把	
7	千分尺	50～75mm	0.01mm	1 把	
8	万能角度尺	0°～320°	2′	1 把	
9	塞尺	自定	自定	1 套	
10	塞规	$\phi5$、$\phi10$	H7	1 套	
11	杠杆百分表（含表座）	0～0.8mm	0.01mm	1 套	
12	正弦规	100mm×80mm	自定	1 个	
13	量块	83 块	1 级	1 套	
14	锉刀	自定		自定	

序号	名称	规格	精度	数量	备注
15	直柄麻花钻头	自定		自定	
16	手用或机用铰刀	自定	自定	自定	
17	手用或机用丝锥	M5	自定	自定	
18	铰杠	自定		自定	
19	M5 内六角螺钉	M5×12		4 个	
20	M5 内六角螺钉	M5×15		1 个	
21	圆柱销	ϕ10×40mm	见定位导向销图	1 个	
22	圆柱销	ϕ5×18mm	(H7)	4 个	
23	压板及螺钉			自定	Z4012 台钻适用
24	平口钳			自定	Z4012 台钻适用
25	活动扳手	自定		自定	
26	锉刀刷及毛刷	自定		自定	
27	铜棒及软钳口	自定		1 对	
28	测量柱	ϕ10			
29	划线工具	自定		1 套	划针、钢尺、样冲等
30	锯弓、锯条、手锤	自定		自定	
31	测量平板	自定	自定	1 个	
32	内六角扳手	4mm、5mm、6mm、8mm			
33	C 形夹或平行夹	自定		自定	
34	防护眼镜	自定		自定	
35	函数计算器	自定			

注：选手不得携带本清单未包含的工、夹、量、刃具进入竞赛现场。

2. 装配零件加工（学生高级组）实际操作竞赛赛场准备清单和要求

工量刃具清单和要求如表 13-2 所示。

表 13-2　工量刃具清单和要求

序号	名称	精度	数量	备注
1	钻床	2 级	1 台/4 人	
2	台虎钳		1 台/人	
3	工作灯		1 台/人	
4	砂轮机			
5	工艺墨水			
6	润滑油			
7	乳化液			
8	赛件备料图		1 套/人	
9	挂钟		2	
10	划线平板	1 级	6	1000mm×600mm
11	方箱	1 级	6	200mm×200mm×200mm

项目十四　大赛实操样题

神华集团第十三届（电力）职工技能大赛

1. 实际操作比赛图纸

比赛图纸如图 14-1 至图 14-7 所示。

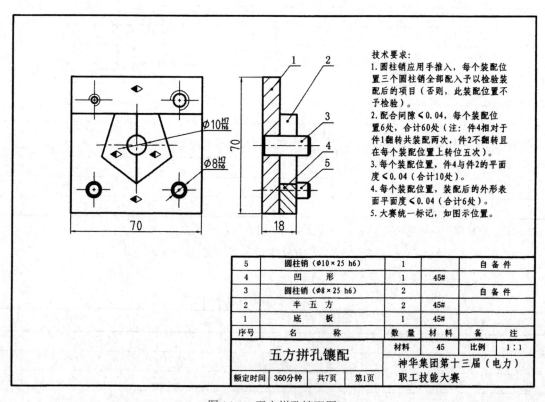

技术要求:
1. 圆柱销应用手推入,每个装配位置三个圆柱销全部配入予以检验装配后的项目(否则,此装配位置不予检验)。
2. 配合间隙≤0.04,每个装配位置6处,合计60处(注:件4相对于件1翻转共装配两次,件2不翻转且在每个装配位置上转位五次)。
3. 每个装配位置,件4与件2的平面度≤0.04(合计10处)。
4. 每个装配位置,装配后的外形表面平面度≤0.04(合计6处)。
5. 大赛统一标记,如图示位置。

5	圆柱销(φ10×25 h6)	1		自备件	
4	凹　形	1	45#		
3	圆柱销(φ8×25 h6)	2		自备件	
2	半　五　方	2	45#		
1	底　板	1	45#		
序号	名　　称	数　量	材　料	备　注	

五方拼孔镶配		材料	45	比例	1:1
		神华集团第十三届(电力)			
额定时间	360分钟	共7页	第1页	职工技能大赛	

图 14-1　五方拼孔镶配图

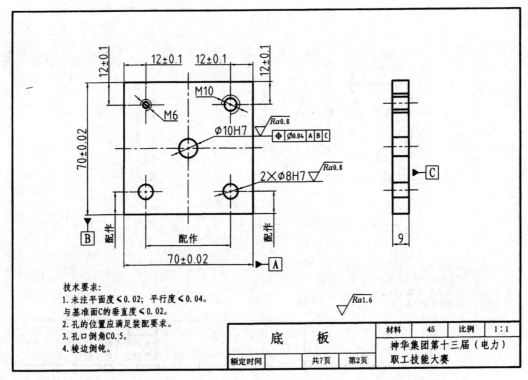

图 14-2　底板图

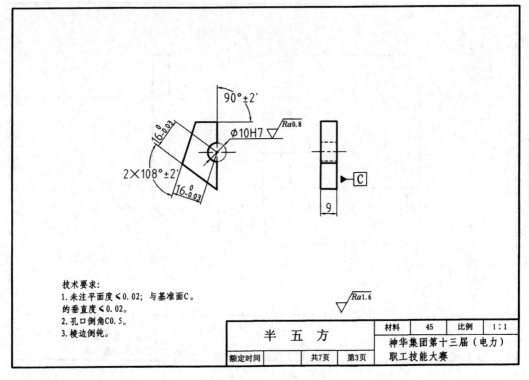

图 14-2　半五方图

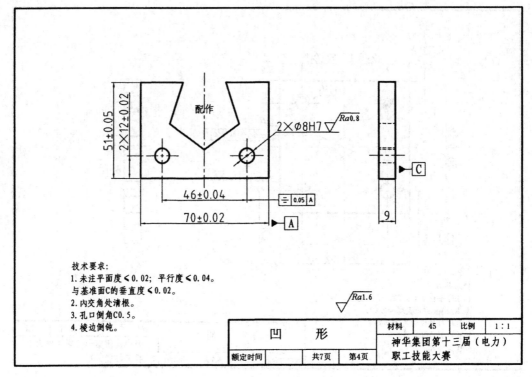

图 14-4　凹形图

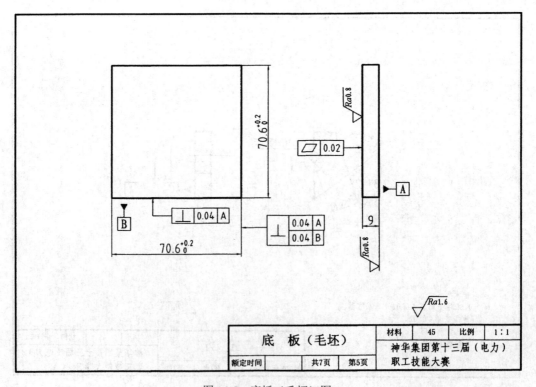

图 14-5　底板（毛坯）图

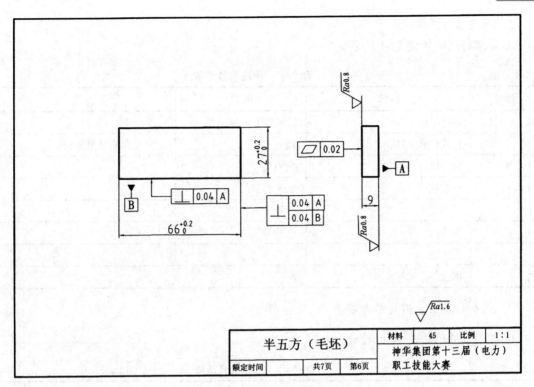

图 14-6　半五方（毛坯）图

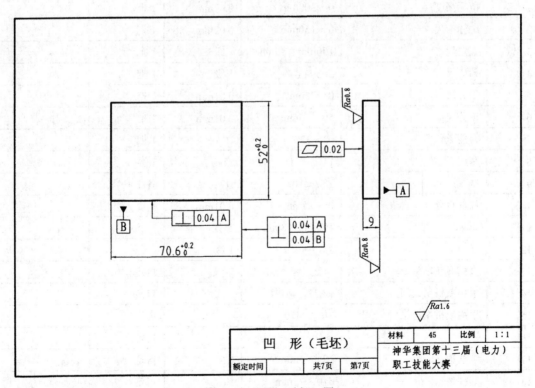

图 14-7　凹形（毛坯）图

2. 赛场准备清单

赛场准备清单如表 14-1 所示。

表 14-1　赛场准备清单

序号	名称	数量	备注
1	赛件毛坯	每名选手 1 套	
2	台式钻床 Z512B	6 台	外加 4 台其他型号台钻
3	台虎钳	1 台/人	
4	砂轮机	不少于 2 台	
5	工艺墨水	若干	
6	润滑油	若干	
7	乳化液	若干	
8	棉丝	若干	

3. 选手自备工量刃具参考清单

工量刃具清单如表 14-2 所示。

表 14-2　工量刃具清单

序号	名称	规格	精度	数量	备注
1	游标高度尺	0～300mm	0.02mm	1 把	
2	游标卡尺	0～150mm	0.02mm	1 把	
3	直角尺	100mm×80mm	1 级	1 把	
4	刀口尺	100mm	1 级	1 把	
5	千分尺	0～25mm	0.01mm	1 把	
6	千分尺	50～75mm	0.01mm	1 把	
7	万能量角器	0°～320°	2′	1 把	
8	塞尺	自定	自定	1 套	
9	塞规	$\phi8$、$\phi10$	H7	各 1 套	
10	杠杆百分表（含表座）	0～0.8mm	0.01mm	1 套	
11	正弦规	100mm×80mm	自定	1 个	
12	量块	83 块	1 级	1 套	
13	直柄麻花钻头	自定		自定	
14	手用或机用铰刀	$\phi8H7$、$\phi10H7$		自定	
15	手用或机用丝锥	M6、M10		自定	
16	铰杠	自定		自定	
17	圆柱销	$\phi8×25mm$	H6	自定	必备
18	圆柱销	$\phi10×25mm$	H6	自定	必备
19	压板及螺钉			自定	

序号	名称	规格	精度	数量	备注
20	平口钳及平行垫铁			自定	
21	扳手	自定		自定	
22	锉刀	自定		自定	
23	锯弓、锯条	自定		自定	
24	软钳口	自定		1 对	
25	划线工具	自定		1 套	划针、钢尺、手锤、样冲、V 形铁或靠铁等
26	平行夹板	自定		自定	
27	锉刀刷及毛刷	自定		自定	
28	铜棒	自定		自定	
29	防护眼镜	自定		自定	
30	函数计算器	自定			

注：1. 平板由赛场统一提供。

2. 允许考生自带工具清单以外的标准工量具。

参考文献

[1]　陈大钧. 钳工技能[M]. 北京：航空工业出版社，1991.

[2]　潘玉山. 钳工技能项目教程[M]. 北京：机械工业出版社，2010.